# 现代包装设计技巧与综合应用

李帅 著

西南交通大学出版社
·成 都·

**图书在版编目（CIP）数据**

现代包装设计技巧与综合应用 / 李帅著. 一成都：
西南交通大学出版社，2017.5
ISBN 978-7-5643-5405-3

Ⅰ. ①现… Ⅱ. ①李… Ⅲ. ①包装设计 Ⅳ. ①TB482

中国版本图书馆 CIP 数据核字（2017）第 088117 号

责任编辑　吴　迪
助理编辑　宋浩田
封面设计　严春艳

**现代包装设计技巧与综合应用**
李帅　著

| | |
|---|---|
| 出版发行 | 西南交通大学出版社<br>（四川省成都市二环路北一段 111 号<br>西南交通大学创新大厦 21 楼　610031） |
| 发行电话 | 028-87600564　028-87600533 |
| 网　　址 | http://www.xnjdcbs.com |
| 印　　刷 | 四川森林印务有限责任公司 |
| 成品尺寸 | 170 mm × 230 mm |
| 印　　张 | 15 |
| 字　　数 | 244 千 |
| 版　　次 | 2017 年 5 月第 1 版 |
| 印　　次 | 2017 年 5 月第 1 次 |
| 书　　号 | ISBN 978-7-5643-5405-3 |
| 定　　价 | 68.00 元 |

# 前 言

传统意义上的包装就是“将某物包裹起来，使其存在并产生作用”。随着人类文明的发展与科学技术的进步，包装的概念也悄然地产生了巨大的变化，具体定义各国有异，但大都类似。我国给出的包装定义是“为在流通过程中保护产品、方便运输、促进销售，在采用容器、材料和辅助物的过程中施加一定的技术方法的操作活动”。近年来，设计界在关注包装的结构创新、形态创新的同时，更是屡屡将“绿色包装”“可持续型包装”提上议案，这反映在每年每届的国内外各类包装设计大赛中。

本书在实现保护产品、方便运输、促进销售和提高产品附加值等基本功能的基础上，把包装与人、包装与物、包装与环境、包装与空间等关系考虑其中，从材料、结构、形态、装潢等方面赋予包装以亲和力、便利性、安全性与可持续性，探讨包装在体现产品特性、传达企业文化、突出地方特色、贯彻绿色包装设计理念、坚持低碳环保原则的同时，将“人”的参与融入其中，使包装充满人文关怀，更好地服务于产品、服务于企业、服务于消费者、服务于社会，力求在给人带来视觉审美享受与触觉感官体验的同时，也把社会责任感融入其中，从各个角度去思考、把控并实现包装的最美设想。

本书内容，来自于作者近些年来从事的包装设计教学经验。由于在教学中坚持对项目化包装设计教学理念的贯彻，以“确定选题→分析定位→设计创作→验证反馈”为实践教学环节，给学生与市场直接对话的机会，在巩固学生专业知识的基础上，培养学生的设计创新能力、实践操作能力、沟通协调能力、团队合作能力和组织管理能力等，使其在实际的项目实践中，接触不同的学科探索方式，掌握多学科的知识整合技能，激发包装设计潜质，整个教学内容充满实验与挑战。本书在章节的设计中，强调学习的重点和难点，引导学生在对失败案例与修正后案例的对比分析中发现并熟练掌握包装设计原则及包装设计技能，以期在实际项目的实施过程中运用这些技能，挖掘并展现包装设计更多、更美的表现形式与可能性。

本书分为两大部分，上篇是包装设计的基础部分即包装设计技巧，包含用材料定位包装的温度；做有创意的形态及结构设计；让色彩开口说话；认认真真做图形；文字的作用不可小觑；排版泄露了产品的秘密；准确的定位让包装设计成功一半；唱响绿色包装主旋律八个章节，并通过下篇的“钦州坭兴陶产品包装设计”，对包装设计基础部分的八个主要理论进行综合应用实践并作详细阐述。

在此书撰写过程中得到很多人的支持，由衷感谢我的同事周作好老师及我的学生袁丹、宋雨婷、周琼、唐青、杨海洋、陈震、甘春云、邵霖峰、吴文翠、阮郑辉、覃佳慧、方云虹、张婉玲、周柱金等同学的热心帮助；感谢西南交通大学出版社的郭发仔编辑对本书的付梓给予的大力支持；感谢所有关心我的家人和朋友。谨以此书作为我的告白，以示我深深的谢意。
因水平所限，缺憾难免，请专业同道与广大读者不吝指正。

2017年春于广西钦州

# 目　录

## 上篇　现代包装设计技巧

# 上篇　现代包装设计技巧

包装集艺术与技术于一身，并将人类的众多活动融在一起。作为产品与用户之间的一座桥梁，以它自身的造型、材质、色彩、图形、文字、构成作为媒介，用最短的时间引起消费者的注意与好感并使其产生购买行为，是现代购物方式的无声售货员，也是自助购物形成的重要因素。

近年来，随着人们对商品经济的认知以及对信息获取方式的改变，产品的宣传方式与包装形式从夸张、热闹向透明、真实逐渐转换。虽包装形式日新月异，但过度消费对生态造成的影响愈发引人关注，消费行为慢慢趋向成熟与理性，人们开始考虑保持地球资源可持续发展的途径与方法，如图 1 所示，该意大利蒜味香肠包装，以插画风格的图形和材料作为关键点，带有天然和质朴的感觉。

图 1　Delikatesskungen 美味王香肠

# 第一章　用材料定义包装的温度

日常生活中，我们习惯了和各种材料打交道，这种习以为常让大多数人忽略了材料的性格、出处、背景、及应用状况，而这被忽略的信息，恰好对设计师研究包装材料及从事包装设计工作的材料选择及应用具有很大的辅助和指导作用。宗白华先生在《艺术学》中讲道："故艺术之目的，即在使材料象征化、形式化，而且现其意境，使审美者能明了之。由此可知一切艺术创造问题，即在如何将无形式的材料转化为有形式的，能表现其心中意境的另一实际。"可见，材料是艺术创作的基础，也是能否将理想艺术完美视觉化的关键所在。用于满足产品包装所需的材料种类繁多，按来源可分为人造材料和天然材料两大类；按材质可分为纸材、塑料、玻璃、金属、木材、陶瓷、复合材料和新型环保材料等。图 1-1-1 所使用的即是天然材料的包装。作为设计从业者，往往不会对这些材料有深入研究，通常是在项目需要时在材料商的引介下，快速选定某种材料以进行下一步工作。

图 1-1-1　选用天然材料的包装设计

在一定程度上，这对包装本身是不负责任的，亦不利于包装设计的良性发展。在此，包装材料目录作为基础包装材料指南就显现出其出现的必要性和蕴含的优越性。当然，此处所列目录，在分析各包装材料特性的基础上，根据产品特性、产品价格、目标消费者及包装生命周期等方面，从常态介绍包装材料的适容范围。希望读者通过本书对材料特性分析的阅读与思考，参与其中，另辟蹊径，研究发现更多未知的材料适容可能，以达到出人新意的设计目的。

## 第一节　材料目录

### 一、纸材

纸材料具有质地轻、易成型、承印性好、可回收、可降解、无污染等特性，但在防潮、密封方面性能较差，复合技术的出现给作为包装常用材料的纸的发展开拓了美好的前景。纸适用于多种产品的包装，作为包装材料的一般有白板纸、白卡纸、牛皮纸、瓦楞纸板、蜂窝纸板、铜版纸、硫酸纸、玻璃纸、鸡皮纸、硅油纸等，如图 1-1-2 就是用纸作为包装材料，通过与产品相关的图形印刷制作成包装纸，并用于包裹产品。

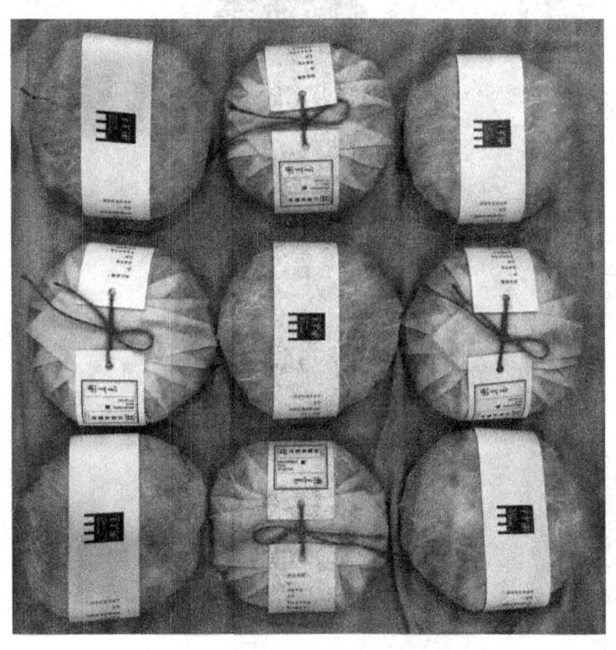

图 1-1-2　选用纸材料的包装设计

白板纸是经多棍压光而成的涂料纸板，正面呈白色，背面呈原色或灰色，承印性好，缓冲性良，易折叠成型，主要用于香烟、食品、药品等产品的单面印刷销售包装。

白卡纸厚度介于纸盒纸板之间，纸质细腻、光滑平整，具有优良的承印性和折叠性，多用于贴体包装、悬挂包装及吊牌等。

牛皮纸表面呈黄褐色，柔韧结实富有弹性，且有较强的耐破度、耐折度和耐水性。按其厚度分为牛皮纸、牛皮卡纸和牛皮纸板，被广泛地应用于食品、日用品、纺织品、工业制品和建筑原材料的包装，也常用于裱合瓦楞纸板与纸盒的挂面等。

瓦楞纸板由于纸板中间呈空心且瓦楞形而得名，根据层数的不同，可分为二层、三层、五层、七层等，具有一定的抗压和防震功能，质轻价廉，易回收及重复利用，被广泛用于包装箱和包装内衬（图 1-1-3）。

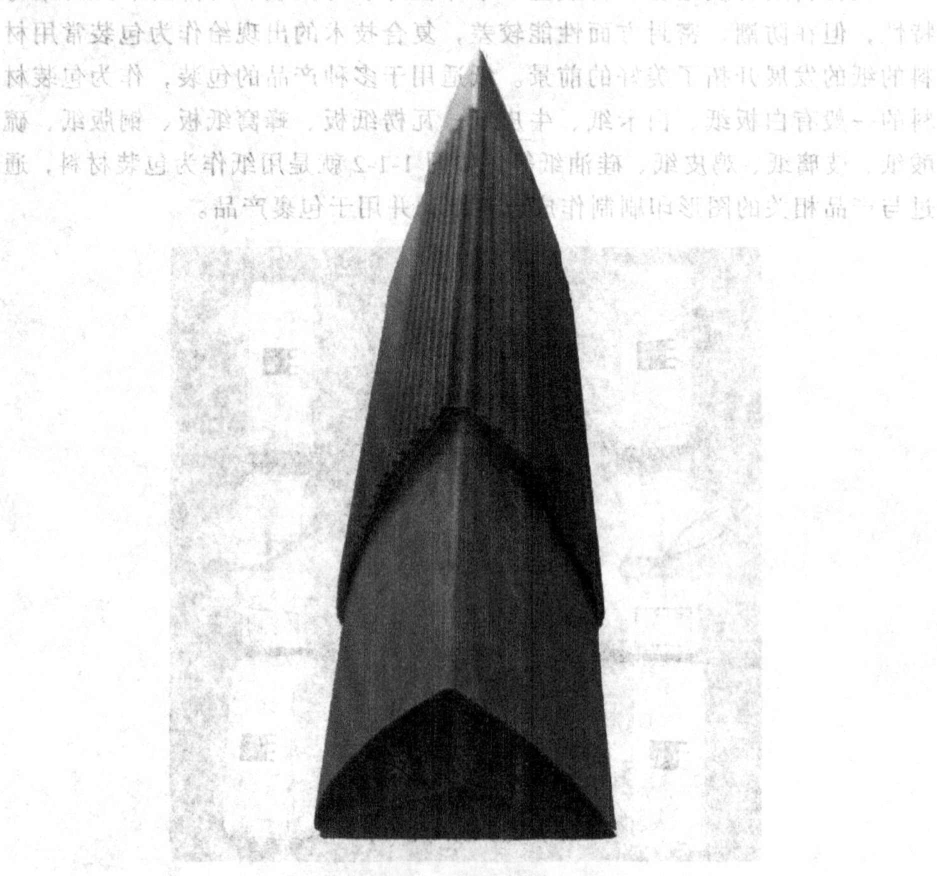

图 1-1-3 以瓦楞纸材料制作的包装结构设计

蜂窝纸板是根据蜂巢结构原理，把瓦楞原纸粘结成无数空心立体正六边形，并在其两面粘合面纸而成的新型夹层结构节能材料，吸音、隔热、强度高、质地轻，表面平整、缓冲性强，被广泛用作缓冲垫及托盘等包装的组件。

铜版纸是由涂料原纸经涂布和压光而成的高级印刷纸，表面光洁平整，印刷效果好，但不易暴晒、易受潮，主要用于标贴、手提袋和需要精美装潢的包装。

硫酸纸又称植物羊皮纸，是一种透明的高级包装纸，质地细密、组织均匀，坚挺而富有弹性，具有较高的防水、防油特性，适用于油脂、茶叶、化学药品及精密仪器和机械零件的包装。

玻璃纸是以棉浆、木浆等天然纤维为原料的一种透明度非常高的包装用纸，又称透明纸，拥有防潮、防尘、韧性好、承印性好等优良特性，常用于化妆品、药品、糖果和糕点等产品的包装，以及各种包装的开窗部分。

鸡皮纸是以未漂亚硫酸盐木浆为原料的一种单面光的薄型包装纸，纸质坚韧、正面光泽良好，有较高的耐折度、耐破度和耐水性，一般用于食品及日用百货的包装。

硅油纸具有防潮、防油且耐高温等特性，以底纸、淋膜和硅油三层构造，分为单硅硅油纸和双硅硅油纸，常用于食品包装。

## 二、塑料

随着化工技术的不断提升，新技术、新材料的不断涌现，塑料以其工艺简单、性能卓越、质轻价廉、导热性低、防潮性好、阻气性高、化学稳定性强等优势迅速成为近五十年来发展最快的包装材料，占领了包装材料的半壁江山，并在许多领域取代了玻璃和金属，是现代包装技术发展的重要标志。但由于塑料制品的平均寿命短和污染性强等缺点，材料科学界已经着力研发并致力于可降解新型塑料的研制（详见本章节中的“环保材料-可降解塑料”）。

随着人们生活水平的提高，废弃塑料包装带来的“白色污染”越发严重，了解塑料的分类及化学特性，对于我们科学使用塑料制品，正确分类回收塑料制品，控制并减少“白色污染”能起到积极的指导作用。正规的塑料包装，底部都有一个如图 1-1-4 所示的由三个箭头首尾相接环绕，喻义生生不息，且带有 1~7 阿拉伯数字的三角回收标识，根据回收标识所示，可快速地对废弃塑料制品进行分类回收。

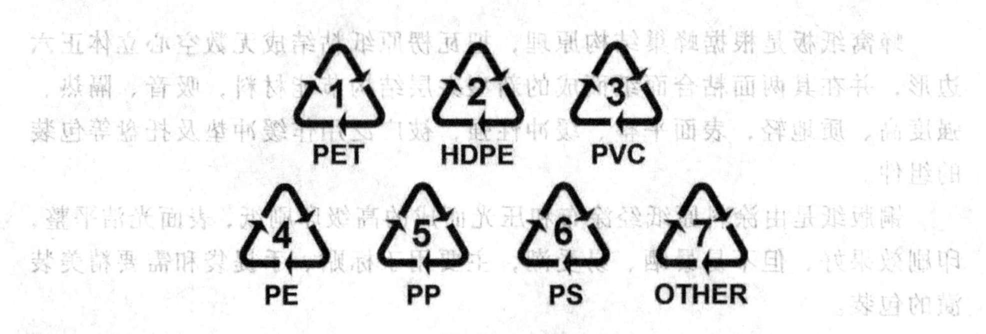


图 1-1-4 塑料回收标识

1 号塑料俗称聚酯，中文学名是聚对苯二甲酸乙二醇酯，简称 PET，耐热区间为-20℃~60℃，遇酒、油、热水或者循环使用，可能会析出致癌物 DEHP，常用作矿泉水瓶、碳酸饮料瓶等的制作材料（图 1-1-5）。

图 1-1-5 矿泉水塑料瓶

2 号塑料俗称硬性软胶，中文学名是高密度聚乙烯，简称 HDPE，使用后不易清洗，所以不适合循环使用，常用于清洁用品、沐浴产品的包装中（图 1-1-6）。

图 1-1-6 沐浴产品的包装

3 号塑料俗称搪胶，中文学名是聚氯乙烯，简称 PVC，耐热至 81℃，具有可塑性好，价格较低、难清洗、易残留，高温易释放有毒物等特点，不可用于食品包装。

4 号塑料的中文学名是低密度聚乙烯，简称 LDPE，超过 110℃会出现热熔现象，高温时会产生致癌物等有害物质，常作为保鲜膜、塑料膜等形式用于包装食品，但要注意的是，食物加热前，需要先取下保鲜膜，防止有害物质渗入到食物里。

5 号塑料俗称百折胶或塑料，中文学名是聚丙烯，简称 PP，熔点高达 167℃，而微波炉专用 PP 的耐热区间为-20℃~120℃，彻底清洁后可重复使用，常用作微波炉餐盒。需要注意的是，由于造价成本高，配套的盒盖一般以 1 号 PET 制造，为保险起见，用微波炉加热时，最好把盖子取下。

6 号塑料中文学名是聚苯乙烯，简称 PS，耐温超过 70℃或与强酸、强碱反应会分解聚苯乙烯等致癌物质，常用作碗装泡面盒或快餐盒，所以不能用快餐盒盛装滚烫的食物，更不可在微波炉中使用。

7 号塑料俗称防弹胶，中文学名是聚碳酸酯，简称 PC，因含双酚 A 而备受争议，作为包装容器一般不盛装热水，勿加热，勿暴晒。常用作水壶、水杯、奶瓶。

还有一种常见的塑料即聚乙烯，简称 PE，属 1~7 号塑料之外的一种塑料，常用于食品包装袋、餐具等。

### 三、玻璃

玻璃是由石英砂、纯碱、石灰石等无机材料经高温熔融后冷却结晶而成的硅酸盐类非金属材料，具有透明度高、可塑性强、化学稳定性好、耐热、耐腐蚀、抗污能力强、阻隔性能好、便于循环使用等特性，缺点是脆性高、易破碎、回收成本高。按其主要成分分为氧化物玻璃和非氧化物玻璃，用作包装材料的一般为氧化物玻璃，按其碱金属和碱土金属氧化物和 $SiO_2$ 的含量不同，常用作包装的有钠钙玻璃、铅硅酸盐玻璃、硼硅酸盐玻璃等。

钠钙玻璃的主要成分是二氧化硅、石灰、氧化钠及少量的其他元素，含有较多杂质，由于成本低廉，容易成型，被大规模生产应用，生活中常见的罐头瓶、普通酒瓶、醋瓶、酱油瓶（如图 1-1-7）等玻璃容器的材料就是钠钙玻璃。

图 1-1-7　酱油玻璃瓶

铅硅酸盐玻璃又称铅玻璃，或水晶玻璃，主要成分有二氧化硅和氧化铅，能有效阻挡 X 射线和 γ 射线，硬度强、折射率高，有水晶般闪亮的视觉效果，与金属有良好的浸润性。主要用于香水及高级酒、高级化妆品和工艺品的包装，如图 1-1-8 所示的香水包装采用圆润的玻璃瓶体晶莹剔透、玲珑精致，充满了女性的柔美与优雅。

图 1-1-8　香水的玻璃瓶包装

硼硅酸盐玻璃以二氧化硅和氧化硼为主要成分，具有良好的化学稳定性和耐热性，用作烹饪器皿或需要经高温消毒才能使用的药品的包装容器。

生活中常接触到的磨砂玻璃其实是玻璃的一种生产工艺，它是将需要加工的玻璃制品在细金刚砂或较高号的磨石研磨下，达到透光不透视且呈现均匀乳白色的视觉效果。

## 四、金属

金属是历史悠久的包装材料，因其较高的致密性与延展性，具有牢固、防潮、防光、不透气等包装特性及优良的包装效果，是包装材料的主要组成部分，用于食品包装亦有近两百年的历史。常见的金属包装材料主要有钢、铁、铝等金属，它们以薄板或金属箔的形式存在于包装行业。

钢因其机械性能优良、强度高、具有优良的延展性和综合防护性能，在运输周转过程中能够抵抗一般的机械、化学、生物、气候等外界危险因素，在军工产品、危险货品、药品、食品等众多商品包装领域被广泛采用。作为包装材料的钢往往需要在表面镀上一层锡，即镀锡钢片，俗称马口铁，它将钢的刚性和韧性与锡的耐蚀性和易焊性合为一体，以抗压强度高，耐磨、防腐且密封性好，被广泛应用到高压喷雾罐、食品罐头及婴儿奶粉（如图 1-1-9 所示）的包装中。由于金属的电化学作用，用于食品罐头包装的马口铁会溶出少量铁元素，并以易被人体吸收的二价铁的形态融入到被包装食物中，可为人体补充铁元素。

图 1-1-9　婴儿奶粉罐所选材料马口铁

铝的质量较轻，是一种无毒、无味，变形后不反弹的金属材料，表面极为干净，不利于细菌及微生物的生长，能有效阻氧和水分，与食品接触不会有油脂渗漏，常用于防潮、密封、保鲜、加热要求高的包装，如易拉罐（如图 1-1-10）和酒瓶口及乳制品封口处的铝箔密封口，及航空食品包装、肉食包装和高级香烟包装等。

图 1-1-10　起泡酒的易拉罐包装

除了用量较大的钢和铝外，铅和锡也是常用作包装材料的金属，它们和铝一起，一般被制成软管（如图 1-1-11 所示），用来盛放颜料、药品及化妆品等，具有防氧化、密封好、质轻、美观等特点。随着包装技术的日新月异，新型包装材料不断涌现，金属材料在许多方面已被塑料代替，但因其优良的包装特性，作为包装的金属材料依然保持着旺盛的生命力。

图 1-1-11 管状药膏的铝包装材料

五、木材

木材对于人类的发展和生产生活起着重要的支持作用，是优良的结构材料。由于木材品类繁多，人们根据其不同特性，将它们用作不同用途。早在很久以前，就出现了木质包装容器，世间流传的“买椟还珠”的故事，就是发生在公元前 806 年~公元前 375 年的郑国，这里的“椟”，选用的就是名贵的木兰。木材具有防水、绝缘、机械强度大，负荷能力强等特性，长期以来一直用作建筑材料和运输包装材料，也用于制作木盒、木箱、木桶及木质托盘等。

木材应用广泛，在包装方面仅次于纸和塑料，具有其他很多材料无法比拟的优越性：首先，它机械强度大、刚性好、负荷能力强，可有效保护被包装物，既能包装小巧精致的产品（图 1-1-12），又是大型、中型产品的理想包装材料（图 1-1-13 是一种可拆卸木箱，其长、宽根据底部托盘的尺寸确定，托盘大小、使用木板层数可根据产品的尺寸大小及高低决定，能最大限度地提高箱体空间的利用率。运输或储藏时，可将其折叠为双层或四层相连的木板叠放一起，减小储运体积，降低运输成本）；其次，木材弹性好，可塑性强，易加工改造，可被制成方形、圆形、三角形和不规则形状及抽板、翻盖、天地盖等多种造型样式，以满足不同包装需求；再次，木材可多次循环利用，即使回收，也可视情况进行综合再利用；最后木材自带淳朴的天然纹理和色彩，木材包装无须过多装潢设计，具有较好的绿色环保形象。木材优点虽多，但也有其不足之处，如受环境湿度影响较大，易开裂、变形、易燃、易蛀蚀等，不过这些缺点经适当处理，可以减轻或消除。

图 1-1-12　酒的木质包装盒

图 1-1-13　便于运输、储藏的可折叠围板箱

## 六、陶瓷

陶瓷是我国传统艺术的重要组成部分，具有独特的造型和色彩装饰性。是陶器、炻器和瓷器的总称，热稳定性与化学稳定性好，强度高、韧性低，

属脆性材料（如图 1-1-14 所示，呈现了陶质、瓷质和炻质容器的材质对比效果），按其容器造型可分为缸、坛、罐、瓶等，其中以瓶居多。

陶器质地松散，古朴自然，是由陶土或黏土经捏制成型，经干燥后，于窑内通过 950~1 165 摄氏度的高温烧制而成。陶器的制作是人类利用化学原理改变天然材料性质的开端，是人类历史由旧石器时代向新石器时代发展的重要标志。此种包装材料胚体多孔、吸水率高，多用来盛放对透气性要求较高的物品。

瓷器质地细密，高贵华丽，是由高岭土、化妆土、石英石和莫来石等经成型、干燥，于窑内通过 1 200~1 400 摄氏度的高温烧制而成。外表彩绘或施釉，釉色会因温度不同而出现各种化学变化。气孔少、吸水率低，作为包装容器的瓷器常以瓶造型居多，用来盛放酒及其他饮品。

炻器质地介于陶与瓷之间，坯体致密坚硬，朴实浑厚，也叫“厚胎瓷”，在中国古籍上称“石胎瓷”，常用含伊利石类黏土，于窑内通过 1 100~1 300 摄氏度的高温烧制而成，多呈现黄褐色、棕色或蓝灰色，吸水率低，常用作缸、坛、罐等。

图 1-1-14 陶瓷炻质容器的材质对比

## 七、复合材料

复合包装材料是指将两种或两种以上不同性能的材料，经复合工艺组合在一起，并综合各材料的优点最终具备全新性能，从而更好地保护产品的材料。一般复合材料由基层、功能层和热封层组成，基层负责阻湿、美观，功能层负责避光、阻隔，热封层与被包装物直接接触，具备耐渗透和适应功能。常见的复合包装材料有纸与塑料、纸与金属箔、塑料与金属箔，以及纸、塑料和金属箔三者组合的复合材料等。如纸和塑料复合的常用于食品包装的淋膜纸（如图 1-1-15）；塑料和铝箔复合的药品泡罩包装材料（如图 1-1-16）；纸、铝箔和蜡复合的口香糖纸包装材料；纸、塑料和铝箔复合的方便面桶包装材料；纸、塑料和铝箔制成的六层复合利乐包可使被其包装的牛奶或果汁保质期长达六到九个月。由于复合材料涉及原材料品类较多，性质各异，选择时需精细谨慎，依据包装对象的属性特征及包装要求，选用适合的复合材料，以达到理想效果。

图 1-1-15　用于食品包装的淋膜纸

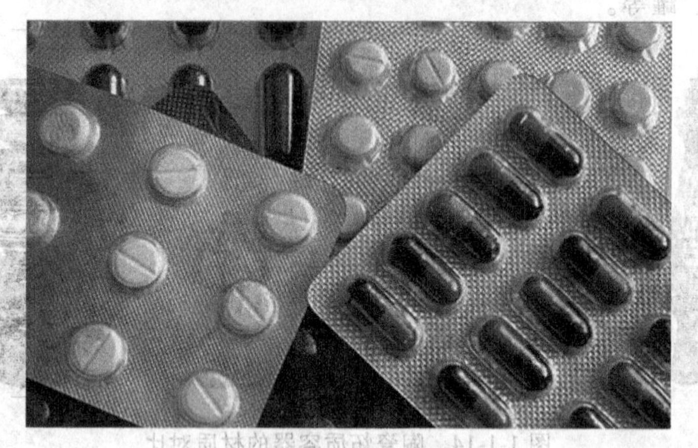

图 1-1-16　药品泡罩包装

## 八、环保材料

随着人们环保观念的增强和材料科学的发展，对于包装的要求越来越高，包装材料领域出现了一些废弃物少且节省能源、方便回收利用、废弃物不产生二次污染的材料，如纸浆模塑、可食性包装材料及可降解塑料等新型环保材料。

纸浆模塑以成品纸或废纸为原料，根据不同用途在模塑机上塑造出特定形状的纸模型制品，简称纸模，具有良好的缓冲保护性能。以成品纸为原料生产的纸模一般用于方便碗、快餐盒等食品包装，而以废纸为原料生产的纸模则主要用于鸡蛋、水果、陶瓷制品、工艺品、精密器件或电器等产品的包装、衬垫、填充等，其良好的结构性能满足了包装对刚度、强度、实用性和稳定性的要求，有效缓解被包装物在运输、搬运过程中受到的冲击，在力学性能方面等同或优于发泡塑料（图 1-1-17）。

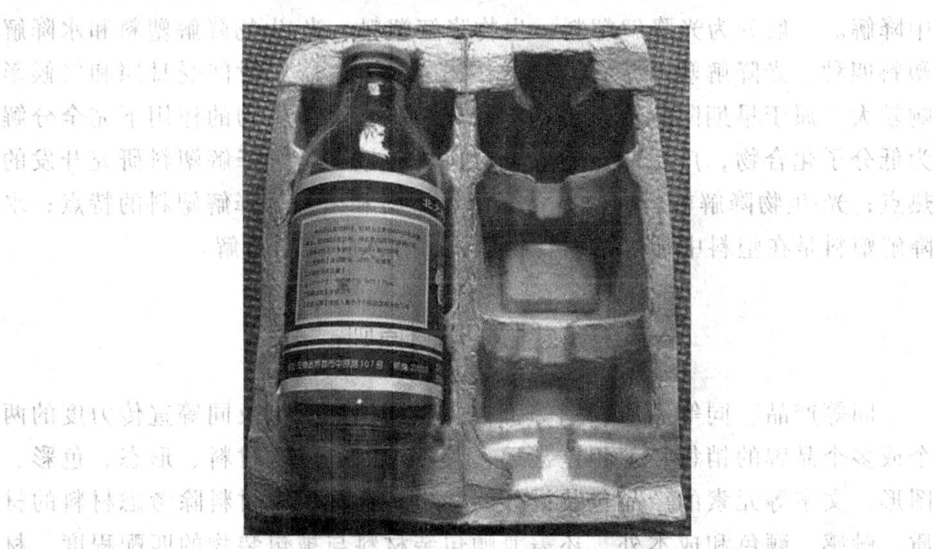

图 1-1-17　用于缓冲结构的纸浆模塑

可食性包装材料分为可供人食用的包装材料和供牲畜食用的包装材料两种，一般由淀粉、蛋白质、脂肪、多糖和复合类物质组成，常用于食品包装、调味包装、糕点包装、包装薄膜和保鲜膜等。用于食品包装的可食性包装材料主要以乳清蛋白、小麦面筋蛋白为原料，透氧率低、强度高、韧性好，多用于冷冻食品的包装。用于调味包装的多以胶体可食性材料为主要原料，具有阻气、防潮、强度高、热封性及承印性好等优点，多用于调味品及汤料的包装。用于糕点包装的可食性包装材料，通过对淀粉改性，加入脂类原料和多元醇，经流延制得，具有良好的耐折和拉伸性能，透明度高、透气率低，且不易溶于水，是糕点及干货包装的上乘材料。包装薄膜以玉米蛋白为主要原料，其产品有液体膜、包装薄膜和包装板材三种：其中液体膜可作为食品包装的内层涂料，或直接涂覆在蛋类、水果表层达到保鲜目的；包装薄膜具有防潮、阻气、保香等效果，用来包装爆米花等，也可与纸复合，制作可食性纸盒、纸杯等；包装板材也称玉米板材包装纸，具有较好的防油及耐热效果，多用于蛋类、水果的包装，只能作为牲畜的饲料，不能供人食用。用作保鲜膜的包装材料主要以大豆蛋白为原料，具有良好的弹性、韧性和消毒抗菌能力，对于防止被包装物变质有较好的效果，常用于豆腐衣、肠衣和肉类包装外皮。

可降解塑料是在塑料的生产过程中加入一定量的如光敏剂、生物降解剂、纤维素、淀粉或改性淀粉等添加剂，使其稳定性下降，可在自然环境中降解。一般分为光降解塑料、生物降解塑料、光/生物降解塑料和水降解塑料四种。光降解塑料是在塑料中掺入光敏剂，降解时间受日照和气候影响较大，属于早期降解塑料；生物降解塑料可在微生物的作用下完全分解为低分子化合物，广泛应用于农业、医药领域，是可降解塑料研究开发的热点；光/生物降解塑料同时具备光降解塑料和微生物降解塑料的特点；水降解塑料是在塑料中加入亲水性物质，可在水中完全溶解。

## 第二节　选材原则

同等产品、同等品质、同等价格、相同销售渠道及同等宣传力度的两个或多个品牌的销售量却相差甚远，其影响因素包含材料、形态、色彩、图形、文字等元素的产品包装设计的优劣。选择包装材料除考虑材料的材质、触感、颜色和成本外，还需兼顾包装材料与被包装物的匹配程度、材料具备的保护功能与被包装物的需求贴合度以及材料是否有益于被包装物的销售等三个因素。

### 一、材料与被包装物的匹配程度

针对不同目标消费者的不同产品，其档次、价格都有不同，如拿面向大众消费者的休闲服装和一条为明星高级定制的专门走红毯的裙子相比，其产品的服务对象、包装的预算成本都存在较大差异，这就决定了两者包装材料的不同。面向大众消费者的休闲服装包装材料选择瓦楞纸盒就足矣，而明星高级定制的裙子起码要有丝绸挂面搭配名牌珠宝，如镶嵌施华洛世奇水晶才能与其匹配，因为高品质的产品就需要典雅而有品位的包装来相衬，以突出被包装产品的名贵。作为包装设计的从业人员，在创新意识设计理念之外，需要对各种材料的特质和成型特性包括加工方法等有所研究，以便在面对不同产品的不同包装时做到心中有数，如图 1-1-18，“世界上最好的咖啡”咖啡套装是选用纸材作为包装材料，与咖啡的自然、质朴、醇厚的品质和谐统一，该套咖啡套装是由 8 种最受欢迎的真空包装咖啡饼构成。简约的包装方案既便于咖啡店中的清晰展示，同时更有利于运输和礼物的收集，除此之外，设计师还巧妙地将咖啡产地国家的代表性民族与文化图案应用到套装的包装和咖啡包装设计中。匠心独运、生动的民族形象设计将不同口味的咖啡鲜明地通过包装区分，同时，三个色彩不同的贴纸更是将咖啡分成三个系列，它们分别是经典款、独家款与马拉戈日皮（Maragogipe）款。

图 1-1-18 “世界上最好的咖啡”咖啡礼品套装

## 二、材料具备的保护功能与被包装物的需求贴合度

为让产品在存储、流通过程中适应其环境要采用合适的包装材料，如在气候变化大的环境里需注意包装材料的耐温问题，在流通搬运过程中需考虑材料的强度及弹性等问题，在时间方面还需考虑材料的保鲜性能等。如图 1-1-19 是银禧白兰地的包装，这件产品是庆祝 1846 年银禧白兰地一百周年纪念日而重新设计的包装，其目标受众是年轻群体，但在设计的同时也仍需考虑到年纪稍长的顾客，设计师保留了现有的传统商标样式，又另外设计了一款全新的商标搭配全新的酒瓶，这款酒与其他酒最大区别在于它带有橡树的味道，这也是设计想要着重突出的，因此这款礼品盒包装选用橡木材料，并以纯手工制作，比单独购买瓶装酒的价格更贵一些，是一

款作为纪念日礼物非常可取的选择。

图 1-1-19　银禧白兰地

## 三、材料是否有益于被包装产品的销售

包装材料与其他创意要素包括包装形态及视觉传达设计在内，共同影响着被包装产品的销售情况。一般来讲，材料越挺阔（有型），其货架陈列效果越佳。透明的包装材料可以让消费者对被包装产品的当前状态有直观的了解，给消费者留下真实可信的印象。图 1-1-20 所示的是由塞巴斯蒂安·乐瑞顿设计的黑蕴典藏大香槟干邑包装，这是专门为了盛放黑蕴典藏大香槟干邑而做的，整款礼盒的设计贯彻了象征性的设计，令人一见就能联想到金属环的甲胄，这一设计遵循了一条创新性原则就是运用了新的工艺流程并且在上等烈酒的传统包装制作上做出彻底的突破。盒内的两条斜线设计的 LED 灯，能够更加凸显黑玛瑙（黑百家乐水晶）酒瓶设计上的时尚细节，这款礼盒包装是仅发行 700 瓶的限量版，选用包括镀镍的黄铜，优质的压花皮革，烫银的铭牌，结实的黄铜扣子，激光雕刻的聚碳酸酯镜子，黑色漆面的盒盖等高档原料精工细作而成，整个包装设计与产品的珍稀相匹配，在一定程度上有益于被包装产品的销售。

图 1-1-20 黑蕴典藏大香槟干邑包装

## 第三节 包装材料释义

### 一、Lakritei 盒子

Lakritei 这个世界著名品牌充分利用金属的特质，创造出了一个在实物和视觉上都很吸引人的盒子。这个盒子由两部分组成，经过设计的盖子有一个很美的表面，通过印刷和制作后期工艺的综合运用，产品名称和品牌信息在这个盒子表面得到了优雅的体现。盖子上的品牌名称采用了凸起工艺，加上印刷在上面的黄色圆形，品牌名称的象征性和实际

图 1-1-21 Lakritei 盒子

效果都在盒子表面被清晰地展示出来。凸起的地方没有印刷任何颜色，裸露的金属光泽在这个区域凸显出来。

## 二、Dreaming Cow Yogurt 做梦牛酸奶（包装见科 1-1-22）

Dreaming Cow Yogurt（做梦牛酸奶）的制作人是生活在美国佐治亚州的小农场里的一对夫妻，此套简单而甜蜜的包装设计采用复合包装材料，可使其被包装的酸奶保质期长达 25 到 30 天，包装上不同的奶牛形象可有效区分不同口味的酸奶。

图 1-1-22 Dreaming Cow Yogurt 做梦牛酸奶

## 三、甜品包装

采用图 1-1-23 包装的这家甜品店位于洛杉矶，是一家融合了美食与新奇构想和现代设计的店，它的经典产品有提拉米苏蛋糕、黑森林冰淇淋，还有一种被称作是“好奇系列”的芥末酥挞和黑胡椒巧克力。它的品牌定位迎合了高端市场和那些渴望猎奇的人士。客户提出的包装设计需求包括具有现代感；能够通过传统的甜点传达一种清新的感觉；通过包装的设计来使简单的蛋挞能够达到一种艺术效果却又不觉得刻意等。在设计过程中对于设计师的一大挑战是如何来达到一种平衡，既可以树立品牌形象、兼顾环保又不会让顾客觉得过于平淡或是难以接受，最终选择使用天然木浆制品和简约的棕色包装。包装设计同时还能充分地展现精致多彩的甜点本身不言而喻的美感。

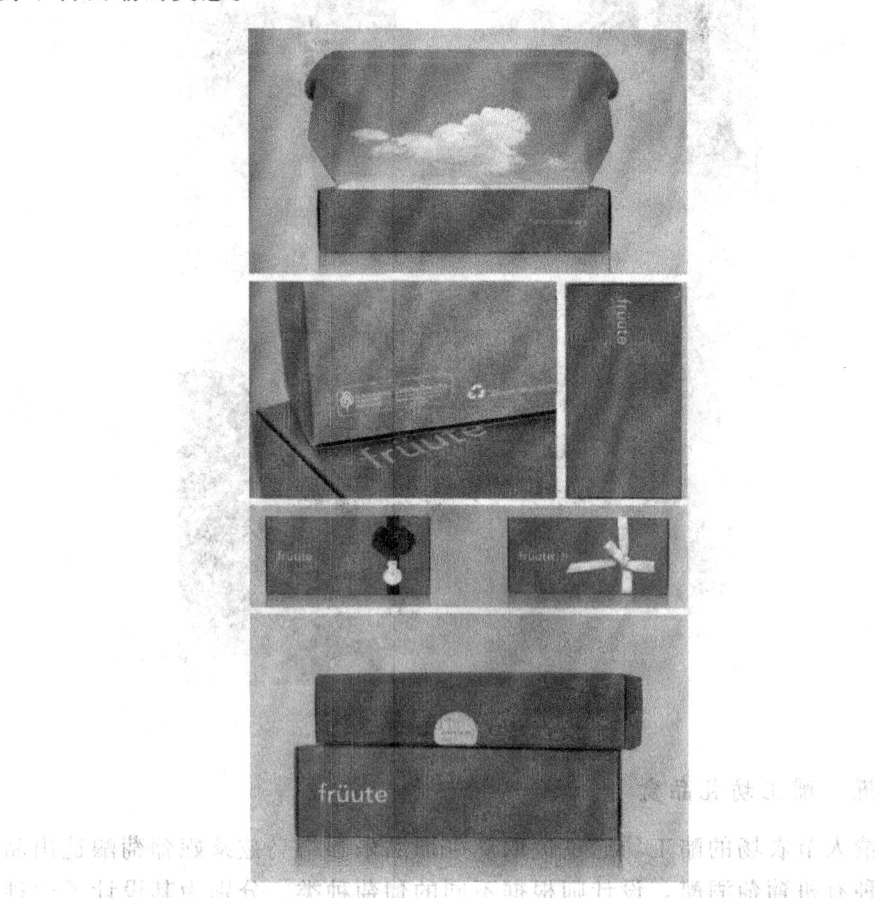


图 1-1-23　甜品包装

## 四、礼品包装

“这款礼品包装设计，使用一些小的便宜的笔记纸条作为材料，因这些小纸条尺寸太小以至于没有办法把任何东西包起来，并且它的质地也并不让人感到兴奋，因为它看起来实在过于廉价。”设计师斯坦·恩格斯·汉力森希望找到一种包装方式能够使它们看起来赏心悦目、有趣，于是他将颜色鲜艳的便条纸卷成小锥形，并将它们粘到一起从而制作出花朵的形状，让它如花般绽放于包装盒的顶部，顿时，这个包装作品看起来郁郁葱葱，充满快乐向上的生命力，视觉效果较强，增色万分。

图 1-1-24　礼品包装

## 五、醋工坊礼品盒

情人节农场的醋工坊通过提取莫尼耶品乐和格乌兹莱妮葡萄酿造出品了多种有机葡萄酒醋。设计师根据不同的葡萄种类，分别为其设计了两种不同的标签，四种不同口味的葡萄酒醋可以通过套在瓶颈部的标签来区分，透明瓶子搭配的是深色背景的标签，深绿色瓶子搭配的则是浅色背景。作为一款限量版的促销包装，设计师只做了一款滑盖的松木盒子盛放葡萄酒醋，这款包装能够刚好放进一瓶被包装纸包裹着的酒瓶。每个盒子里还附有一本 8 页的小册子，为顾客提供了食用建议、食谱和一段发生在葡萄园里的小故事。在玻璃纸包裹的盒子外面悬挂着按压式的瓶嘴和写有季节性问候的小贴士。吉姆和约翰——醋工坊的老板和运营者非常喜爱这款包装，因此他们找到了一家在萨默兰地区的供货商，以保证醋工坊生产的每瓶商品都可以拥有这款包装。

图 1-1-25 醋工坊礼品盒

六、Breakan Egg 打破彩蛋

如图 1-1-2 的这款 Breakan Egg 打破彩蛋的包装设计作品是为Ⅱbox 餐厅量身打造的，以木质材料作为包装材料，外观原始，简单而又实用。可用作希腊复活节的礼品包装或餐桌装饰。

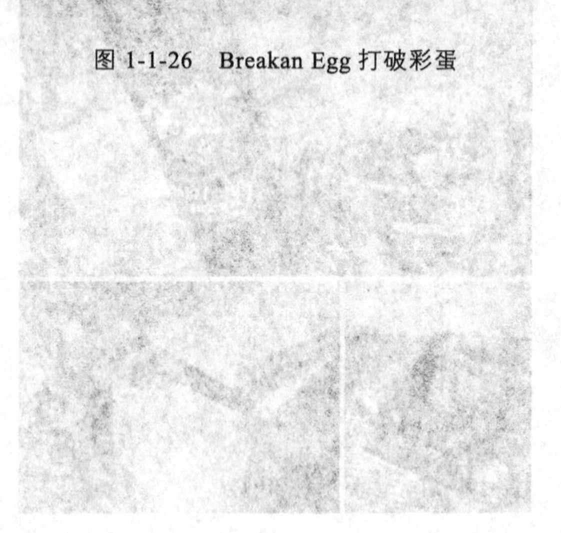

图 1-1-26　Breakan Egg 打破彩蛋

# 第二章　做有创意的形态及结构设计

包装形态是指包装的外观立体造型，是包装设计的重要构成部分。它是根据被包装物的实际情况，通过合适的包装材料、结构设计并结合现代包装工艺最终呈现出的外观立体形态。包装形态为产品的保护、美化、促销服务的同时，需秉持成本节约的理念，以最低的消耗获得最佳效果。好的包装形态及结构设计会从众多商品中脱颖而出，受到消费者的青睐，从而促进产品销售。包装形态由产品、消费者、生活观念、审美情趣，以及材料和制作工艺等因素所决定，任何一个因素的改变，都可能促进新的包装形态出现。因此，了解包装形态的影响因素及发展脉络，对于准确地把握包装形态设计及未来发展方向具有积极的作用。

由于纸的加工方便、成本实惠、承印性好、成型和折叠性好等优势，使其成为包装行业应用最广泛的材料，纸包装盒也作为结构变化最丰富的包装容器，占领包装容器的大半江山。故此处所讲形态及结构也主要就纸包装结构展开。

## 第一节　基础知识的学习是结构设计必须要做的功课

据中国最早的设计著作《考工记》所言："天有时，地有气，材有美，工有巧。合此四者，然后可以为良。材美工巧，然而不良，则不时，不得地气也。"意指造物需按照所造之物的特点，选择合适的劳动时间，在符合自然界客观规律的前提下，用精良的材料与巧妙的工艺相结合，才能造出精良之作。将基本的包装材料作以巧妙的工艺做合理的结构设计，使其在实现保护功能的基础上做到使用方便，是研究包装结构设计的意义所在。

### 一、纸盒包装材料的种类

纸盒包装材料大致分为纸、纸板和瓦楞纸三大种类。

其中纸和纸板是按照单位面积的重量或厚度划分，一般以重量 $200g/m^2$ 或厚度 0.3mm 为界限。厚度介于 0.3mm~1.1mm 之间的纸板由于强度大、成型性好、易加工粘接等优点，成为包装纸盒的常用材料，随着材料科学的发展，纸板中的复合纸板因其保鲜、防水、防油等多种优势越来越受到食品包装业的青睐。

瓦楞纸板由面纸和波形纸芯粘合而成，是制造各类瓦楞纸板箱的基材，常用作易碎产品的外包装材料，或作为内部包装的缓冲结构支撑并保护被包装物。瓦楞纸板按其构成层数可分为露瓦楞纸板、单坑纸板、双坑纸板、三坑纸板和特强双体瓦楞纸板五种。按其楞形可分为 V 形、U 形和 VU 形三种，其中 V 形楞抗压性较好、缓冲性较差；U 形楞弹性及缓冲性好，但抗压力较弱；而 VU 形楞结合了 V形楞与 U 形楞两者的优点，是应用最广泛的瓦楞纸板（见图 1-2-1）。按瓦楞的大小、密度的不同，国际上将瓦楞纸板分为 A、B、C、E 四种楞型（图 1-2-2）。选用瓦楞纸时可根据被包装产品的实际情况选择合适的层数、楞形及楞型，如 VU 形 C 级单坑纸板可用来作常规外包装盒材料，而 V 形 E 级露瓦楞的纸板可用来于高档精致的产品销售包装设计，以获得独特的质地效果。

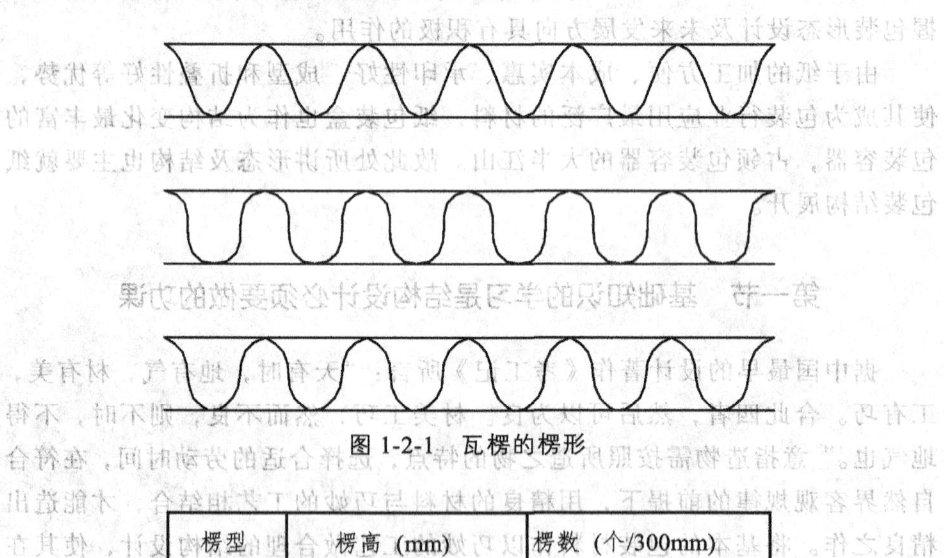

图 1-2-1　瓦楞的楞形

| 楞型 | 楞高（mm） | 楞数（个/300mm） |
|---|---|---|
| A | 4.5～5 | 32～36 |
| C | 3.5～4 | 36～40 |
| B | 2.5～3 | 48～52 |
| E | 1.1～2 | 94～98 |

图 1-2-2　瓦楞的楞型

## 二、材料的性能及规格

纸包装材料的性能主要体现在纸张的表面性能、纸张的物理性能和纸张的适印性能三个方面。其中纸张的表面性能是指纸的硬度、光滑度、粘合性及掉粉性等；纸张的物理性能是指纸的单位面积的重量、厚度、强度、纹理走向、柔软性、弯曲性、耐折度等；纸张的适印性能则是不同纸张经印刷工艺后的影响及由此产生的效果，如吸墨性、掉粉度、光滑度等。

选用纸材料作为包装材料，不仅需要掌握纸张性能，还需了解纸张相关术语，即纸张的规格。

基重是表示纸张重量的单位，一般用 $g/m^2$ 表示，如“150 g 纸”就是指每平方米的纸重量是 150 克。

令重也是表示纸张重量的单位，与基重不同的是，令重是用以计算单位数量内的纸张总重量，如 250 g 以下的纸一件包含 10 令，一令为 500 张纸,500 张纸的总重量即为其令重。而 250 g 以上的纸则以每件不超过 250 kg 为准。

开数是纸张裁切应用的标准。国内常用纸的幅面规格为 787×1 092 mm，我们称之为正度纸，而幅面规格为 889×1 092 mm 的称为大度纸，将幅面规格为 787×1 092 mm 的正度全张纸计为“整开”，二等分后 740×540 mm 为“对开”，四等分后 370×540 mm 为“4 开”，以此类推延伸出“8 开”“16 开”“32 开”等；而将幅面规格为 889×1 194 mm 的大度全张纸等分后，有“大 16 开”的 210×297 mm 规格、“大 32 开”的 148×210 mm 规格和“大 64 开”的 148×105 mm 规格。由于 787×1 092 mm 纸张的开本是我国自定义的，与国际标准不同，因此是需要逐步淘汰的非标准开本。

## 三、纸盒包装的设计要求及制图标准

商业包装设计主要体现在其商业功能，而包装形态在促进商品销售方面能起到重要的作用，包装结构设计是一门综合性学科，既有视觉传达设计的造型与结构等内容，又与材料学、物理学、心理学、市场营销学及印刷工艺等息息相关。学科的交叉性显著地体现在包装设计专业，这对包装设计从业人员的知识结构提出较高要求，在进行纸盒包装结构设计时，不仅要符合行业制图标准（如图 1-2-3），还要满足便利功能、保护产品、消费者审美、结构合理及绿色环保等要求。

| 线　型 | 线型名称 | 用　途 |
|---|---|---|
| | 粗单实线 | 裁切线 |
| | 粗单虚线 | 齿状裁切线 |
| | 细单虚线 | 内折压痕线 |
| | 细点划线 | 外折压痕线 |
| | 细双虚线 | 双压痕线 |
| | 细破折线 | 断开处界线 |
| | 斜排阴影线 | 涂胶区域标注 |
| | 双向箭头符号 | 纸张纹路方向标注 |

图 1-2-3　主要绘图设计符号

## 四、纸盒包装设计的注意要点

### （一）纸材的厚度

受纸张厚度的影响，在纸盒折叠过程中会产生尺寸变化，比如图中（如图 1-2-4）B 的长度需要比 A 多两个纸的厚度，才有益于盒盖的闭合，所以在制图完成后，通常需要按图纸作出样盒进行检验并及时调整，以免造成大批量投产后由于尺寸不当而造成的巨大损失。

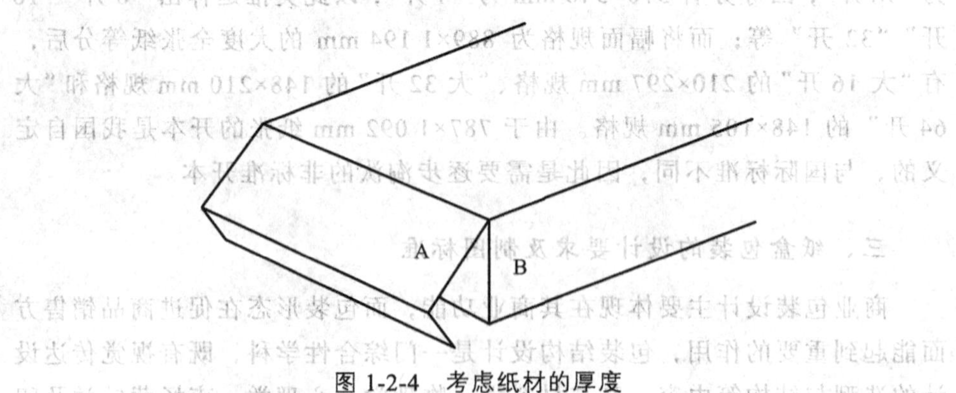


图 1-2-4　考虑纸材的厚度

### （二）纸的纹理

由于造纸技术的不同，纸的纤维组织会有一定的方向性，当纸张经承印压力后会产生顺纤维方向即纵向延伸、垂直纤维方向即横向收缩的变化，即纸的延展变化。有些纸由于光洁度高，肉眼难以辨识纸张的方向，可以取一小块样纸湿水受潮后观察产生的弯曲变化，沿着弯曲变化的方向就是纸的纵向。掌握纸的纹理方向可有效避免成型后的纸盒由于纸张的延展出现不平整显现的情况。

（三）压痕线的正确使用

纸张在折叠过程中，由于外面曲折处的纤维组织在折压、拉伸过程中受到破坏，会影响成型后的纸盒牢固性，所以在生产时采用压痕的方法，使外向的角变为内向，可有效避免纸张在转折时破坏到纸的纤维，而且还能保持其弹性及折线的平整美观（如图 1-2-5）。

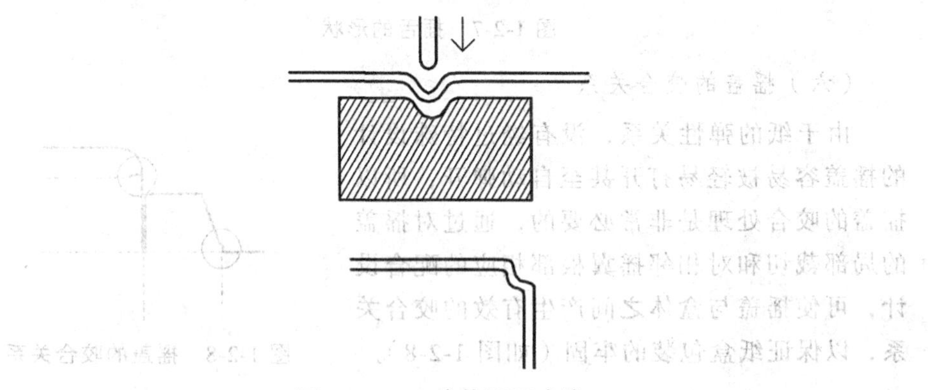

图 1-2-5　正确使用压痕线

（四）减少切口，增加美观

为了让结构看起来更加挺阔饱满，通常将摇盖面 A 和与摇盖相邻的面 B（如图 1-2-6）设计为一个整体，经 45°对折使纸材的弯曲力向外延伸，从而实现盒体挺阔饱满，而且可避免纸张裁切后的断面暴露在消费者的视线里。

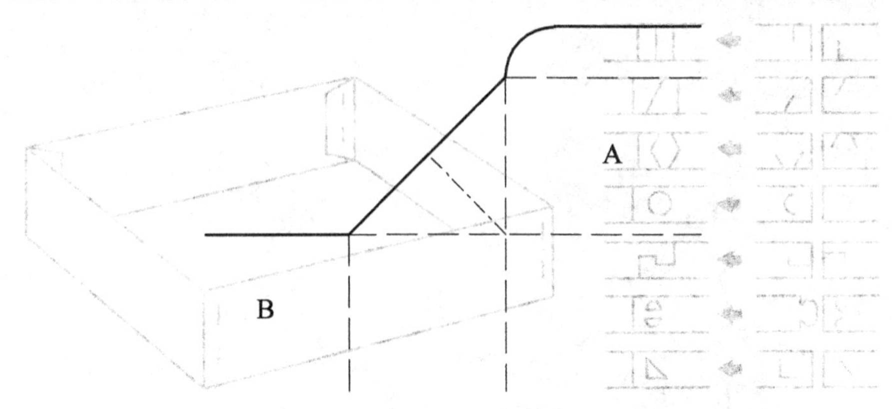


图 1-2-6　减少切口，增加美观

（五）插舌的形状

插舌的准确形状是在插舌的拐角处作圆弧处理（如图 1-2-7），圆弧的存在使插舌插入盒体变得顺滑，摇盖延伸到插舌的直线结构保证了插舌插入到盒体后两个垂直部分相互摩擦产生的牢固关系。

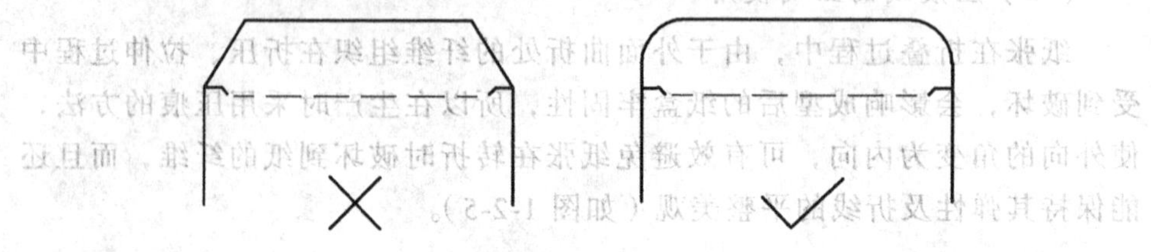

图 1-2-7 插舌的形状

（六）摇盖的咬合关系

由于纸的弹性关系，没有经过特殊设计的摇盖容易被轻易打开甚至自动弹开，所以摇盖的咬合处理是非常必要的，通过对摇盖的局部裁切和对相邻摇翼根部相应的配合设计，可使摇盖与盒体之间产生有效的咬合关系，以保证纸盒包装的牢固（如图 1-2-8）。

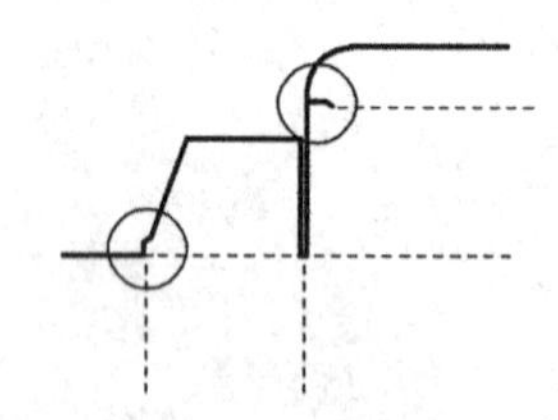

图 1-2-8 摇盖的咬合关系

（七）纸盒的固定方法

纸盒的固定通常有两种方法：一是利用粘接或打钉，粘接是在生产时将纸盒预粘一部分，以提高使用效率；打钉适用于瓦楞纸和较厚的纸板，结构牢固但美观性较差。二是在纸盒上作锁扣结构设计，使用时两边相扣起固定作用，生产工序简便，且环保美观（如图 1-2-9、图 1-2-10）。

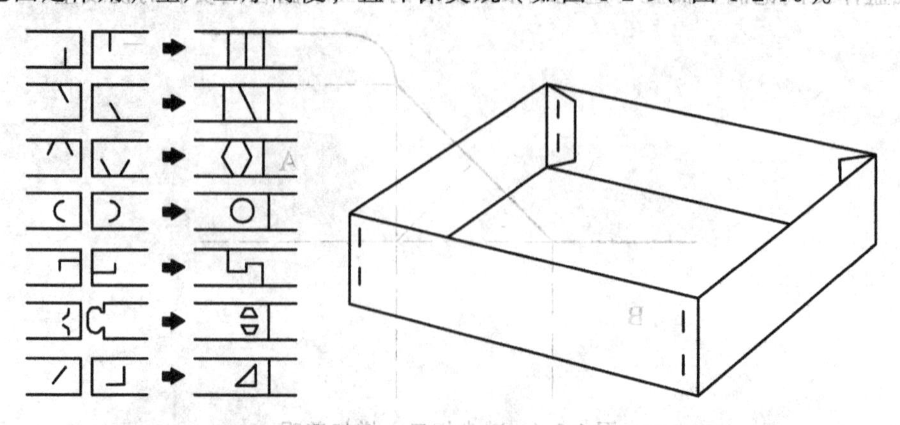

图 1-2-9 纸盒的固定方法 1　　图 1-2-10 纸盒的固定方法 2

（八）考虑套裁，节约材料

在结构设计的裁切排版时，可根据纸盒间的摇盖与摇翼的凹凸关系作套裁处理，以节约纸材（如图 1-2-11）。

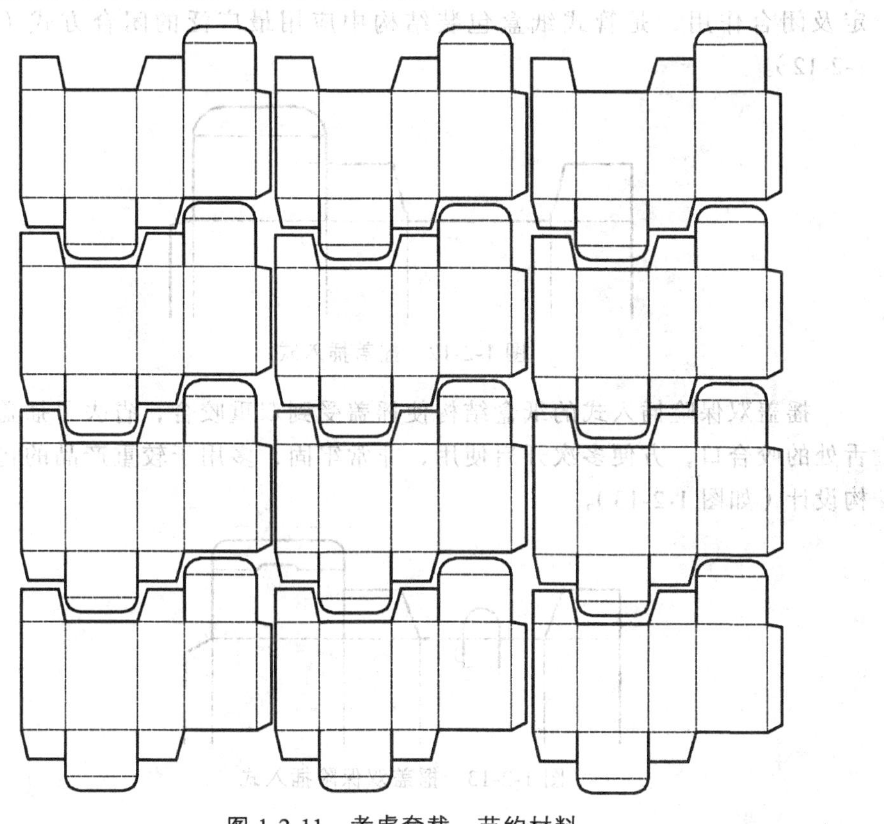

图 1-2-11 考虑套裁，节约材料

## 第二节 安全是结构设计的第一要义

生活中常用的纸盒结构有盘式结构和管式结构两种，是最基本的纸包装结构，也就是常态纸盒结构。成本经济、结构简单、适合大批量生产。

### 一、管式结构设计

管式纸盒大都为一纸成型，通过盒体侧面的粘贴与盒盖及盒底的组装插锁等方式成型，其区别也体现在盖和底的组装方式上，是生活中最为多见的包装形态，多用于西药、牙膏、食品等商品的包装。盖和底的闭合结构主要有摇盖插入式、摇盖双保险插入式、粘合封口式、一次性防伪式、正掀封口式、连续摇翼窝进式、锁口式、插锁式、别插式和自动锁底等方式。

摇盖插入式的盒盖有三个摇盖部分，主盖带插舌，方便插入盒体起固定及闭合作用，是管式纸盒包装结构中应用最广泛的闭合方式（如图1-2-12）。

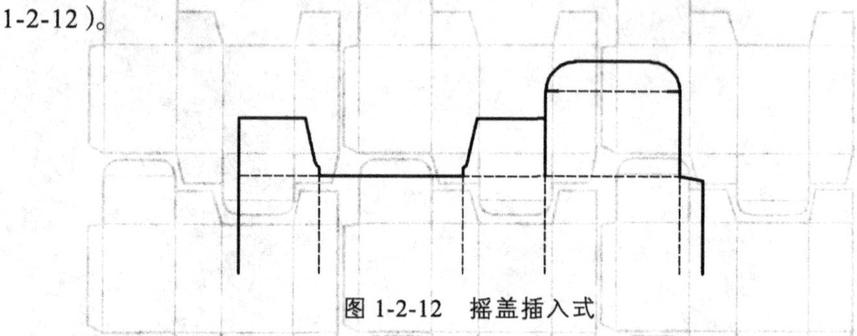

图 1-2-12　摇盖插入式

摇盖双保险插入式的纸盒结构使摇盖受到双重咬合，省去了摇盖和插舌处的咬合口，方便多次开启使用，非常牢固，多用于较重产品的包装结构设计（如图 1-2-13）。

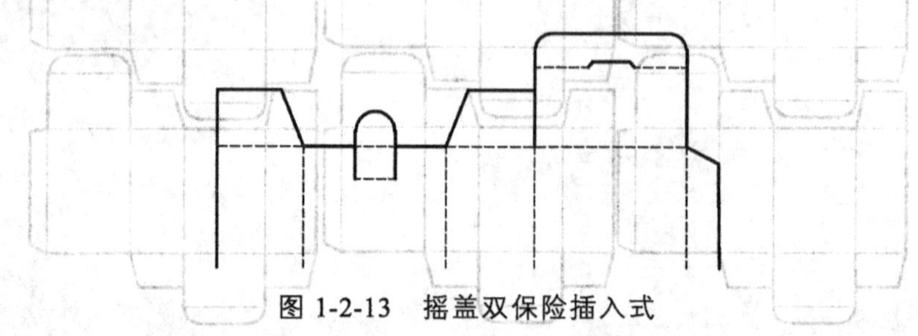

图 1-2-13　摇盖双保险插入式

粘合封口式结构密封性好，但不能重复开启使用，适合自动化生产。适用于粉状、颗粒状的产品包装（如图 1-2-14）。

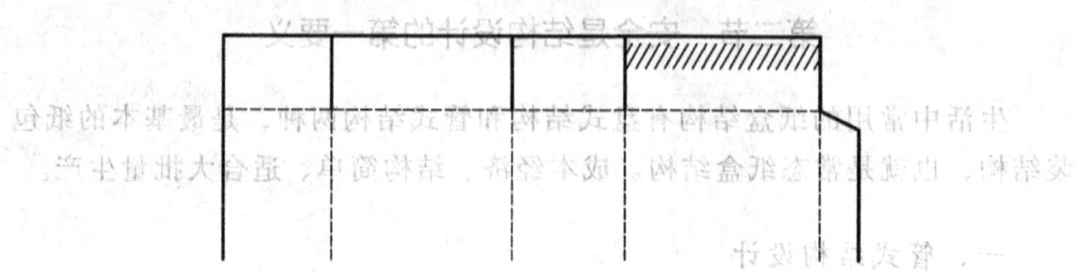

图 1-2-14　粘合封口式

一次性防伪式结构是利用齿状裁切线，在开启的同时破坏包装结构，以起到防伪作用。主要用于药品和小食品包装（如图 1-2-15）。

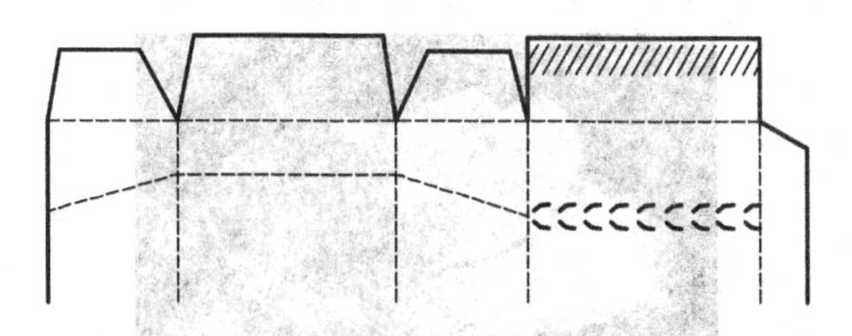

图 1-2-15　一次性防伪式

正掀封口式结构是利用材料自身弹性，结合弧形折线，在按下压翼的同时实现闭合封口。结构简单巧妙，使用方便，节省材料且造型优美，常用于小商品包装（如图 1-2-16、图 1-2-17）。

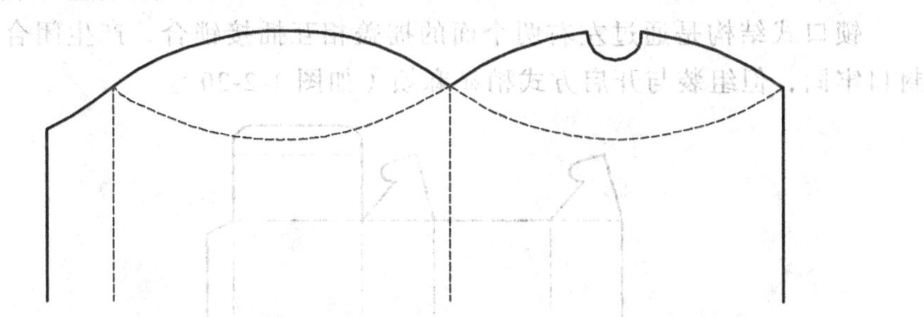

图 1-2-16　正掀封口式 1

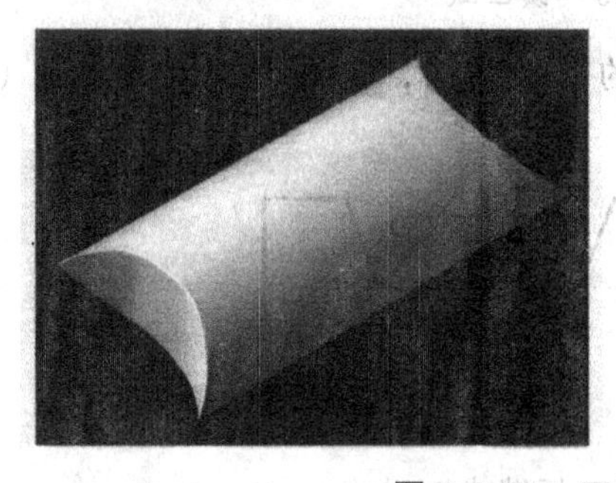

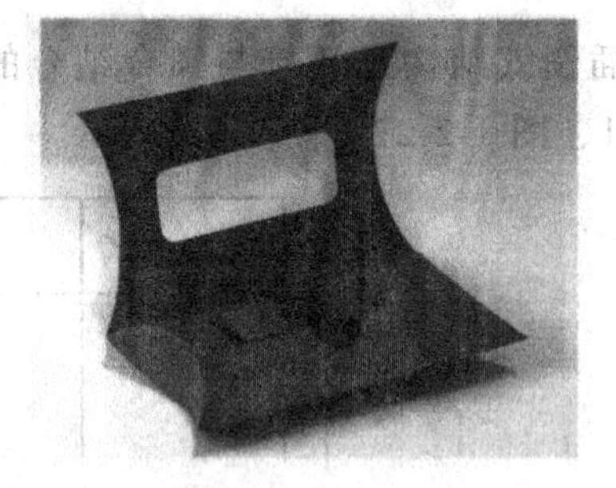

图 1-2-17　正掀封口式 2

连续摇翼窝进式结构造型优美，具有较强的装饰性，但组装及开启方式稍有麻烦。主要用于礼品包装（如图 1-2-18、图 1-2-19）。

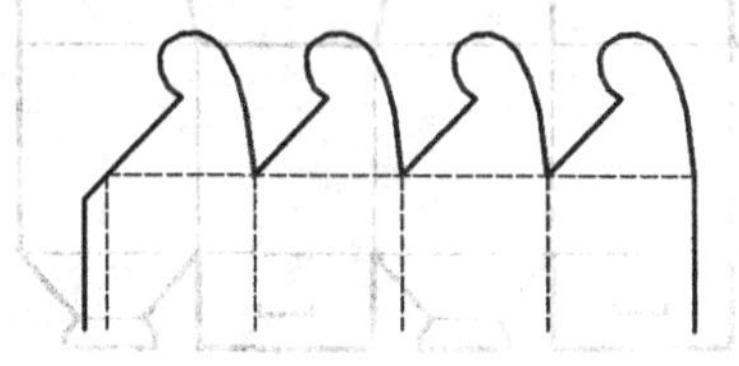

图 1-2-18　连续摇翼窝进式 1

图 1-2-19　连续摇翼窝进式 2

锁口式结构是通过左右两个面的摇盖相互插接锁合，产生闭合效果，封口牢固，但组装与开启方式稍显麻烦（如图 1-2-20）。

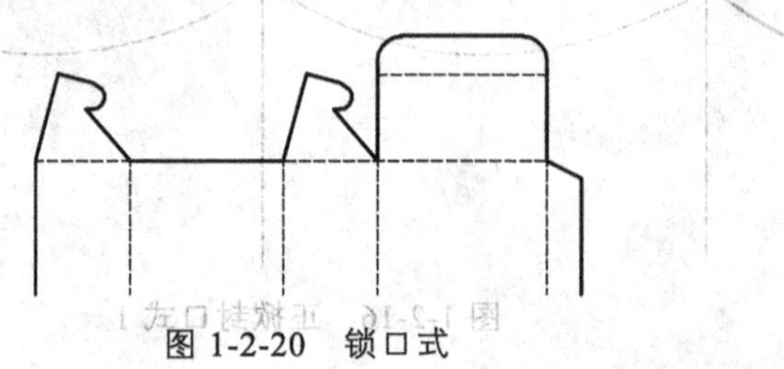

图 1-2-20　锁口式

插锁式结构是插接与锁合结合的一种结构，比摇盖插入式牢固（如图 1-2-21、图 1-2-22、图 1-2-23）。

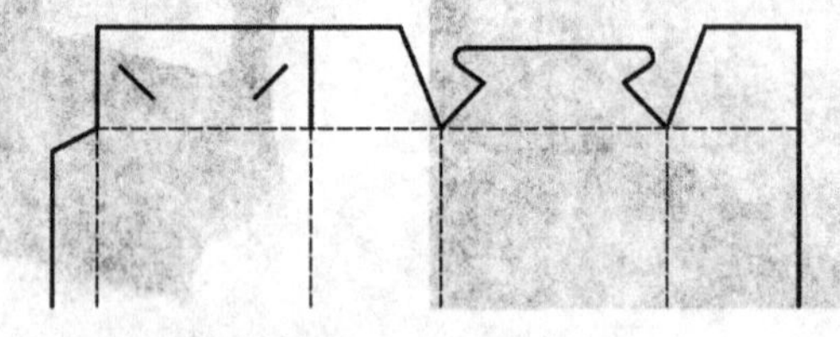

图 1-2-21　插锁式 1

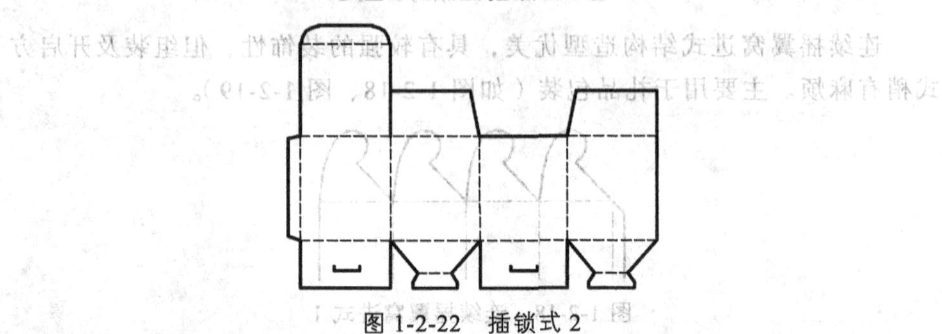

图 1-2-22　插锁式 2

图 1-2-23 插锁式 3

别插式结构是利用前后左右四个面的摇翼，通过“别”和“插”两个步骤产生咬合关系。组装简单且承重能力较强，在管式结构纸盒中较为常见（如图 1-2-24、图 1-2-25）。

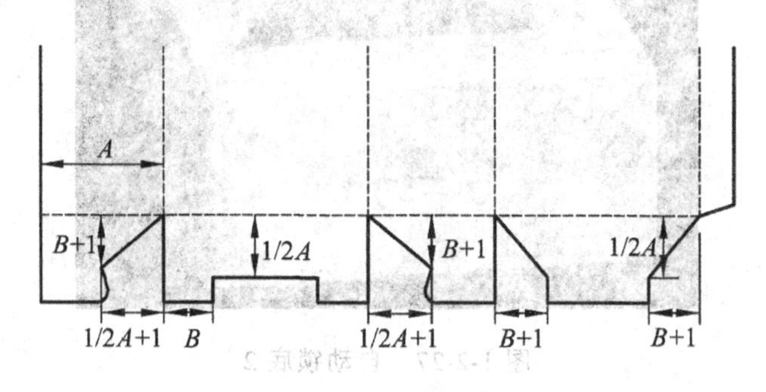


图 1-2-24 别插式 1

图 1-2-25 别插式 2

自动锁底采用预粘方法，粘接后依然可以压平，使用时撑开盒体，盒底即自动锁合。使用方便，且比较牢固，适合自动化生产（如图 1-2-26、图 1-2-27、图 1-2-28、图 1-2-29）。

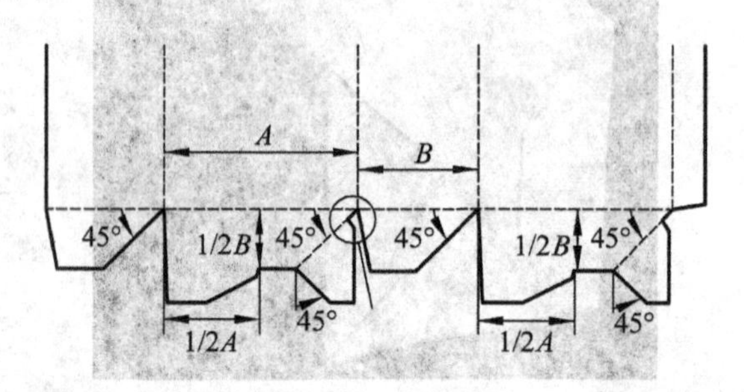


图 1-2-26　自动锁底 1

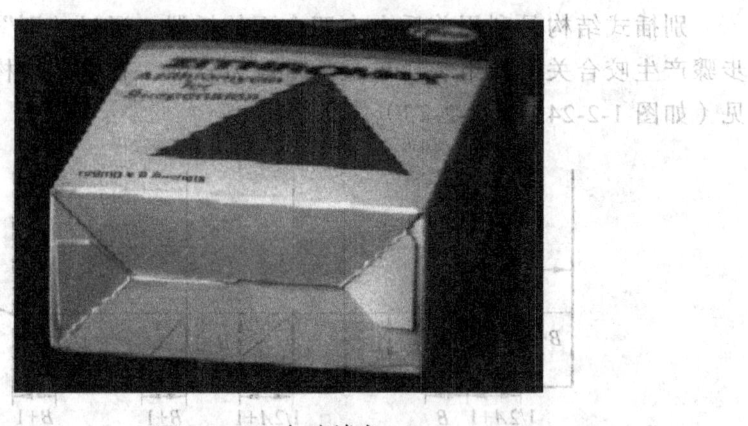

图 1-2-27　自动锁底 2

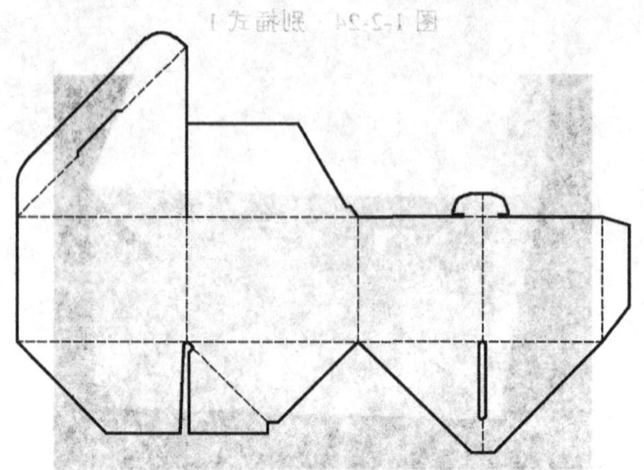

图 1-2-28　自动锁底 3

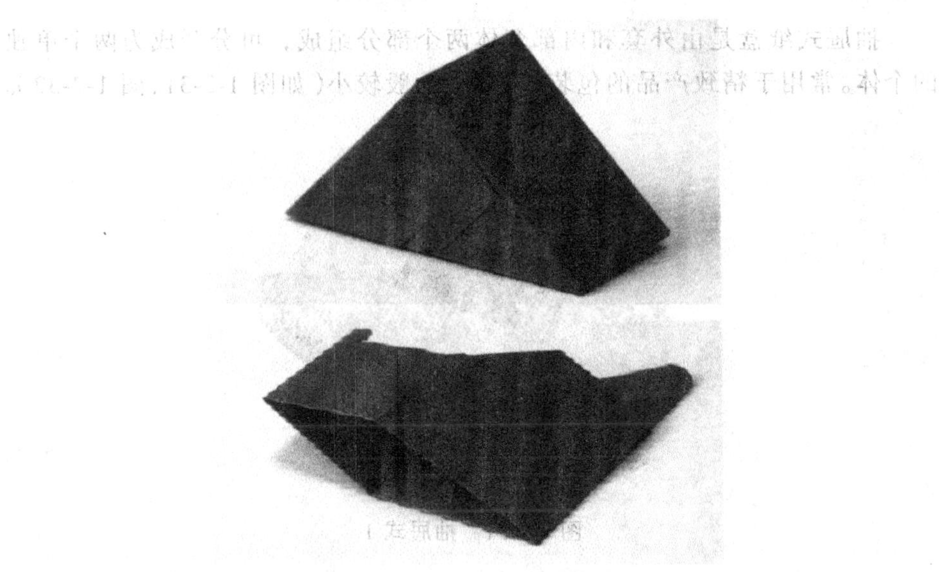

图 1-2-29 自动锁底 4

## 二、盘式结构设计

盘式纸盒主要在盒体部分作结构变化，盒体高度小于长度和宽度，开启后可较大程度的展示内部被包装物，多用于工艺品、礼品、服装、鞋帽、纺织品等商品包装。盘式纸盒主要有书本式、摇盖式、连续别插式、抽屉式、罩盖式等结构方式。

书本式结构的开启方式与图书类似（如图 1-2-30）。

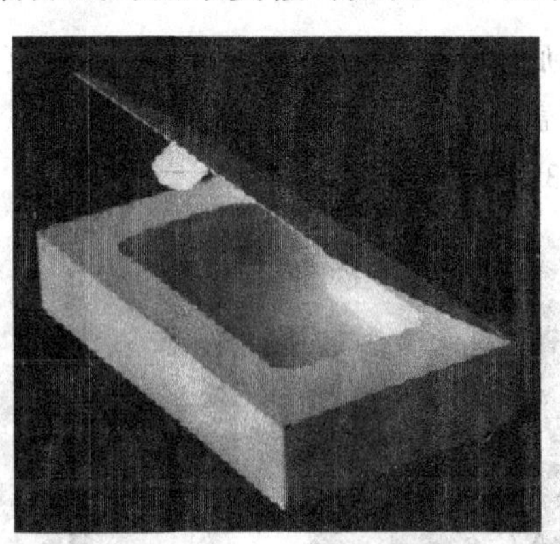

图 1-2-30 书本式

连续别插式结构的别插方式类似于管式纸盒的连续摇翼窝进式纸盒结构，常用于礼品的包装。

抽屉式纸盒是由外套和内部盒体两个部分组成，可分开成为两个单独的个体。常用于精致产品的包装，且尺寸一般较小（如图 1-2-31、图 1-2-32）。

图 1-2-31　抽屉式 1

图 1-2-32　抽屉式 2

罩盖式纸盒是由底和盖两个独立的上下结构相互罩盖而成，通常情况下，底的尺寸略小于盖的尺寸。常见于手表、手机、礼品、蛋糕等精美产品的包装（如图 1-2-33、图 1-2-34）。

图 1-2-33　罩盖式 1

图 1-2-34　罩盖式 2

摇盖罩盖式结构是在罩盖式纸盒的基础上将上下两个部分的其中一面连接起来，从而使上半部分的盖具有摇盖的功能。常见于鞋子、衣服等产品的包装（如图 1-2-35）。

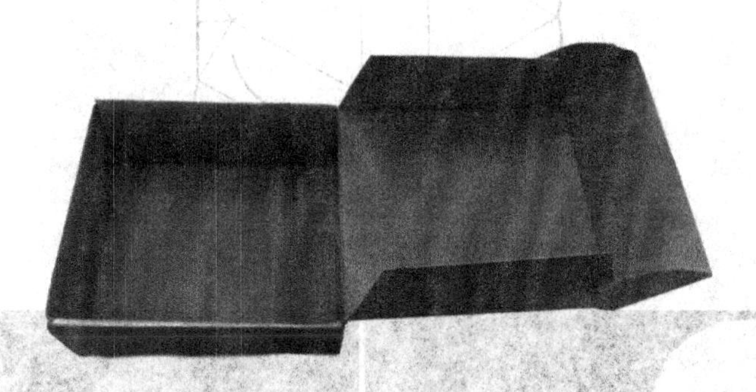

图 1-2-35　摇盖罩盖式

## 第三节　通过有趣的形态抓住你的心

在商品经济进入物联网时代以后，特别是随着近几年电商的迅猛发展，如何吸引消费者注意并产生购买行为，是商家努力探索的课题。在纸盒结构设计上做文章，塑造“人无我有、人有我新、人新我优、人优我特”的企业形象，能有效强化品牌印象，吸引消费者注意。特殊形态纸盒包装结构是在常规纸盒结构的基础上作变化，并充分利用纸的成型规律及包装特性，在符合包装基本功能、节省原材料、便于加工生产、方便使用的基础上，尽可能的创造出构思巧妙、形态新颖别致的包装纸盒。特殊形态的纸盒结构虽变化多样，但依然有规律可循，具体可归纳为利用开窗展示被包装物、盖的造型设计、体面的关系变化、折线的变化、吊挂和提手部分的设计、仿生手法的运用、包裹式结构设计、组合式结构设计等设计思考方向。

### 一、包裹式结构设计

包裹式是包装最初始的形态，包裹式纸盒结构也是特殊形态纸盒最初且最基本的设计思维方法。现代产品的纸盒包装常通过折线、裁切的巧妙设计，结合纸张成型特性，在满足包裹式纸盒结构成型的多种可能性基础上，保留传统包裹式包装的优点，即一纸成型，不需预粘工序，折叠和开启方式简单，方便储运（如图 1-2-36 至图 1-2-47）。

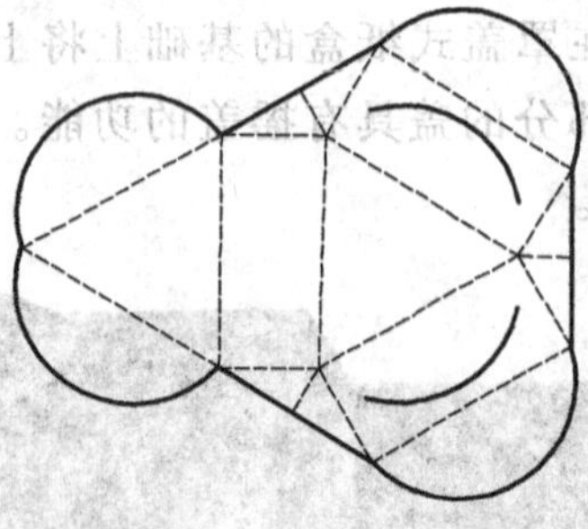

图 1-2-36　包裹式 1-1

图 1-2-37　包裹式 1-2

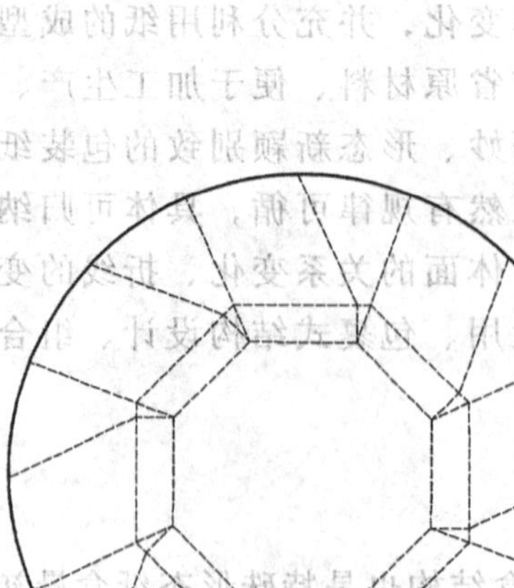

图 1-2-38　包裹式 2-1

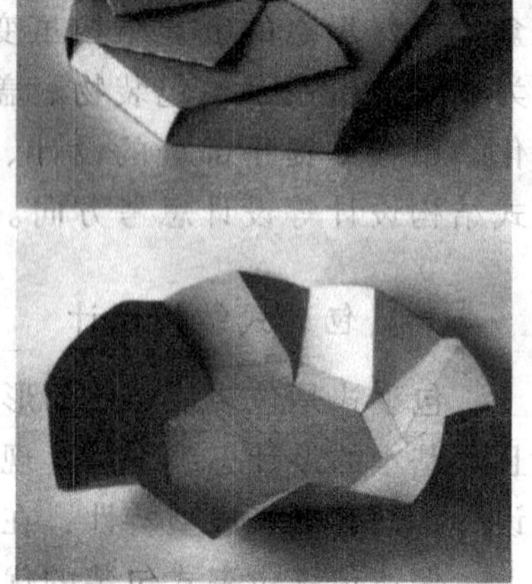

图 1-2-39　包裹式 2-2

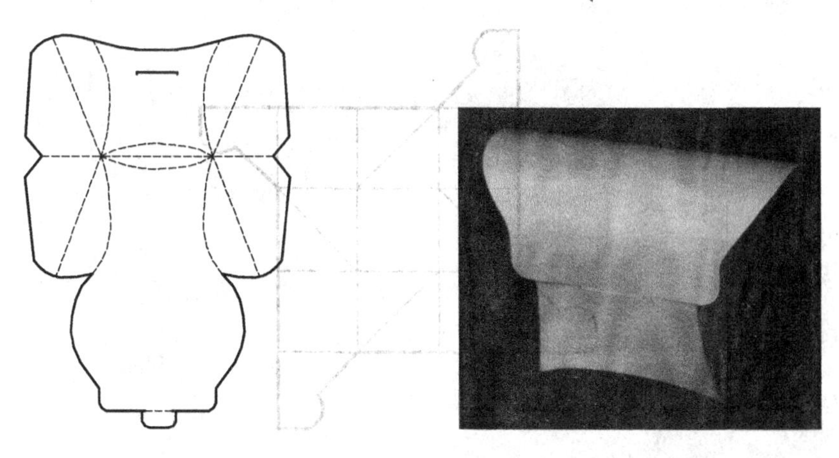

图 1-2-40 包裹式 3-1　　图 1-2-41 包裹式 3-2

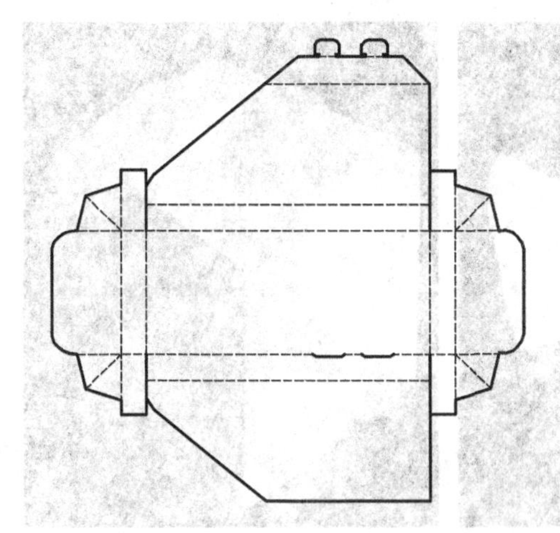

图 1-2-42 包裹式 4-1

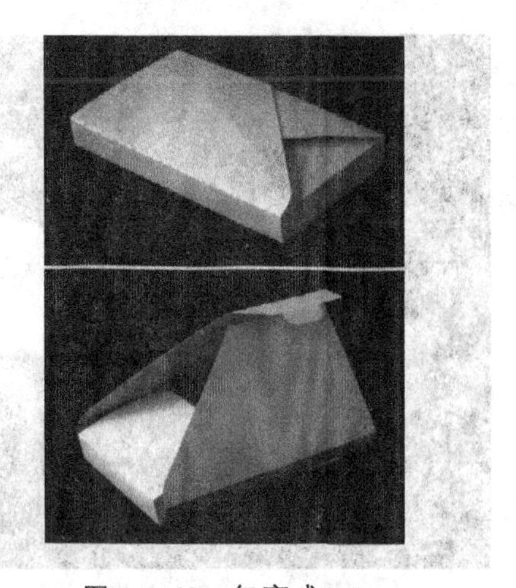

图 1-2-43 包裹式 4-2

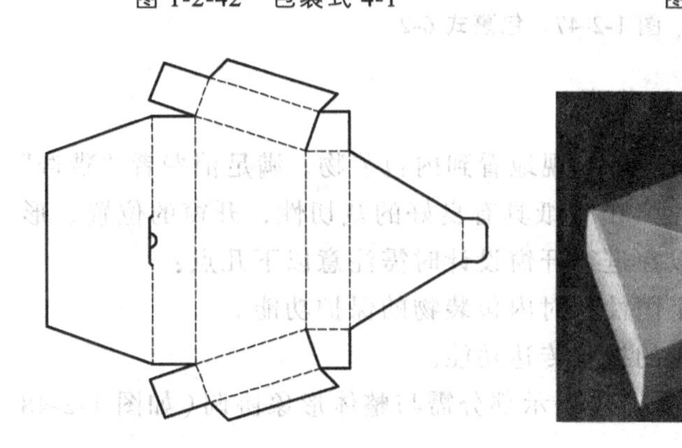

图 1-2-44 包裹式 5-1

图 1-2-45 包裹式 5-2

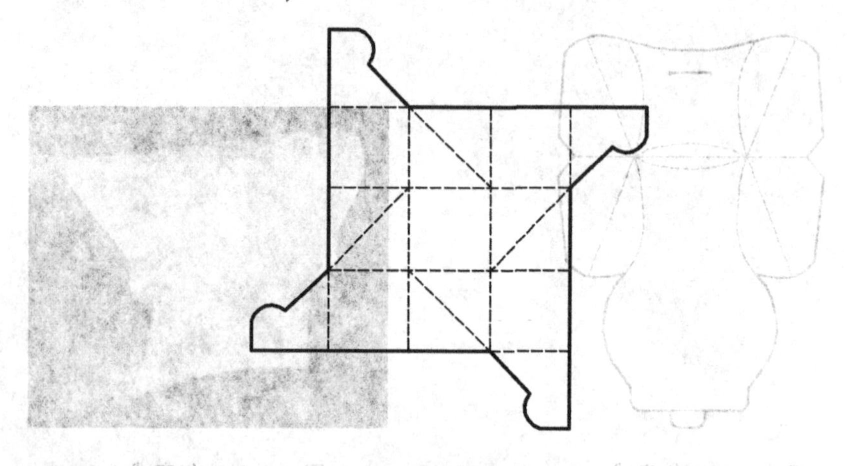

图 1-2-46　包裹式 6-1

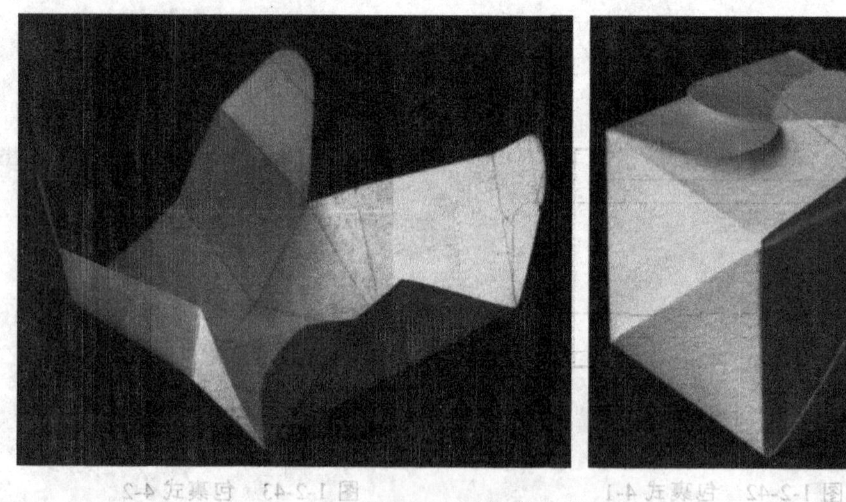

图 1-2-47　包裹式 6-2

## 二、利用开窗展示被包装物

通过在盒体开窗，让消费者直观地看到内包装物，满足消费者“猎奇”心理，同时加强商品可信度。由于纸具有良好的裁切性，开窗的位置、形状及结构都较为自由，所以在进行开窗设计时需注意以下几点：

（1）不能破坏结构的坚固性和对内包装物的保护功能。

（2）不能影响品牌形象的视觉传达功能。

（3）开窗的位置、形状及开窗展示部分需与整体形象协调（如图 1-2-48 至图 1-2-59）。

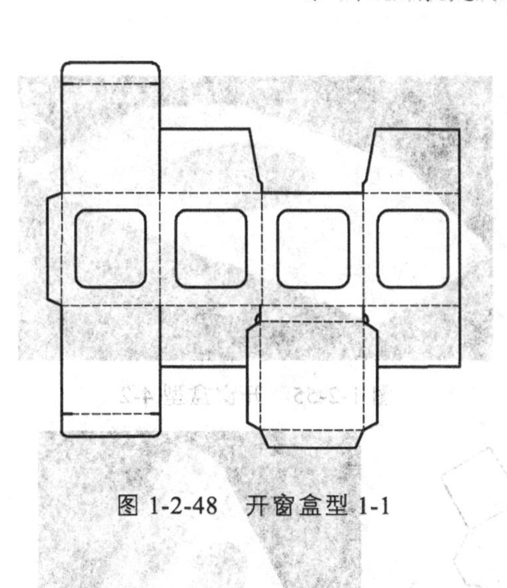

图 1-2-48 开窗盒型 1-1

图 1-2-49 开窗盒型 1-2

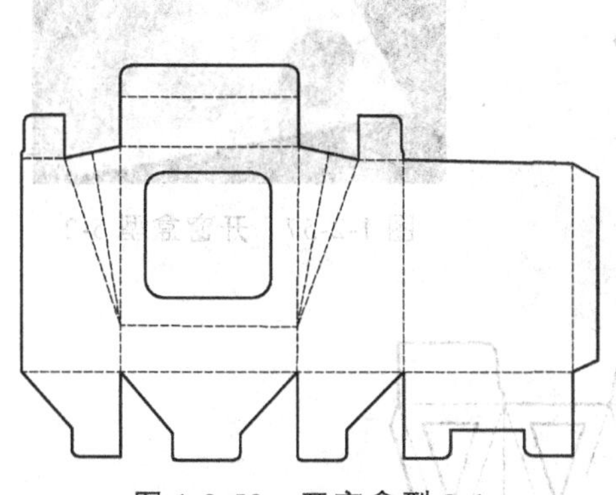

图 1-2-50 开窗盒型 2-1

图 1-2-51 开窗盒型 2-2

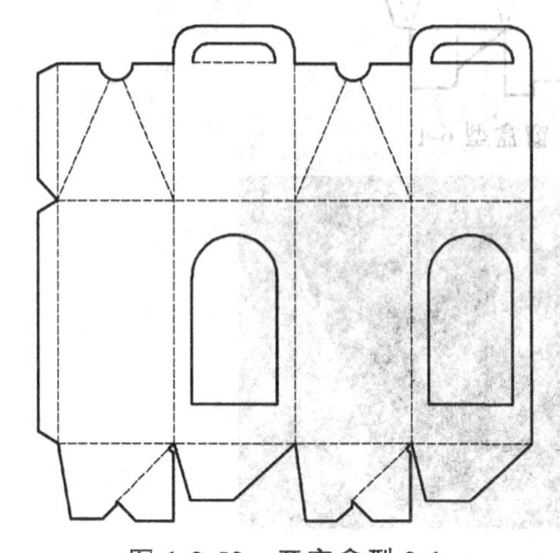

图 1-2-52 开窗盒型 3-1

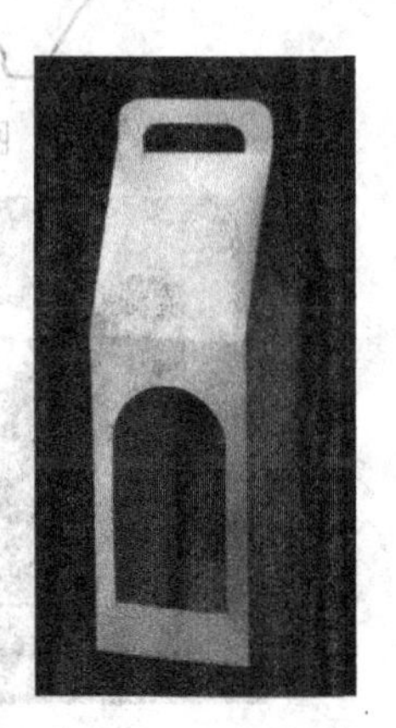

图 1-2-53 开窗盒型 3-2

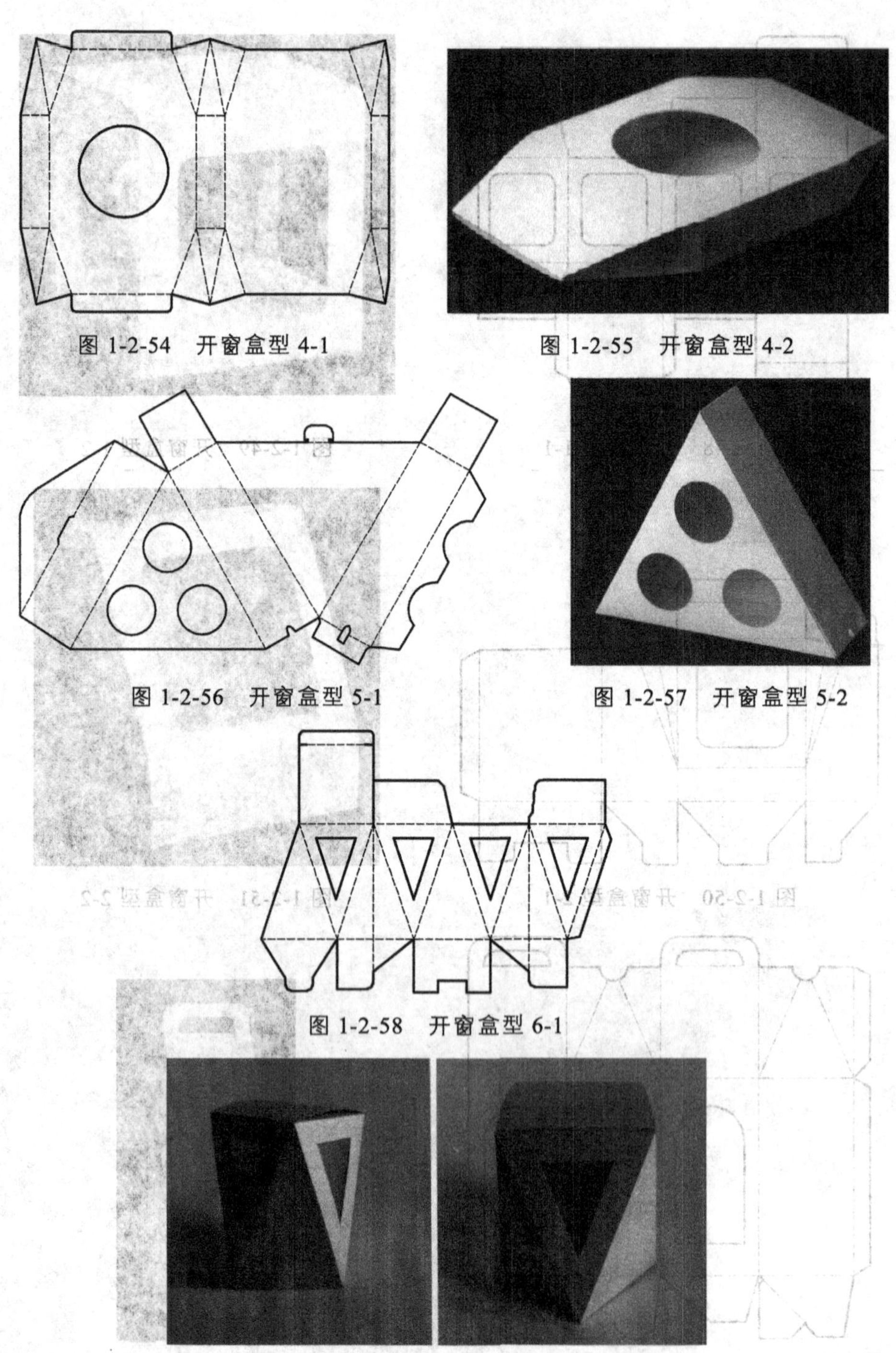

图 1-2-54　开窗盒型 4-1

图 1-2-55　开窗盒型 4-2

图 1-2-56　开窗盒型 5-1

图 1-2-57　开窗盒型 5-2

图 1-2-58　开窗盒型 6-1

图 1-2-59　开窗盒型 6-2

## 三、盖的造型设计

盖，作为闭合盒体的结构部件，不负责承重任务，这为盖的造型提供了多种可能。通过对常态纸盒盒盖的造型进行设计，可有效提高纸盒的视觉审美。在作盖的造型设计时，需注意以下几点：

（1）方便使用，即便于折叠和开启。

（2）尽量节省材料。

（3）不能为形式而削弱其功能。

（4）盖的造型应与盒体和谐统一（如图 1-2-60 至图 1-2-75）。

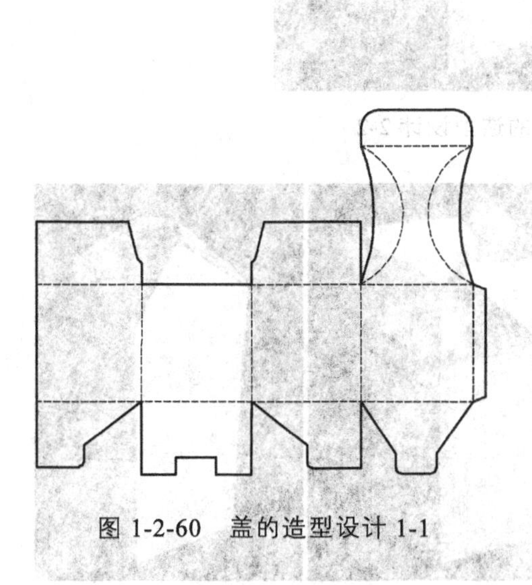

图 1-2-60　盖的造型设计 1-1

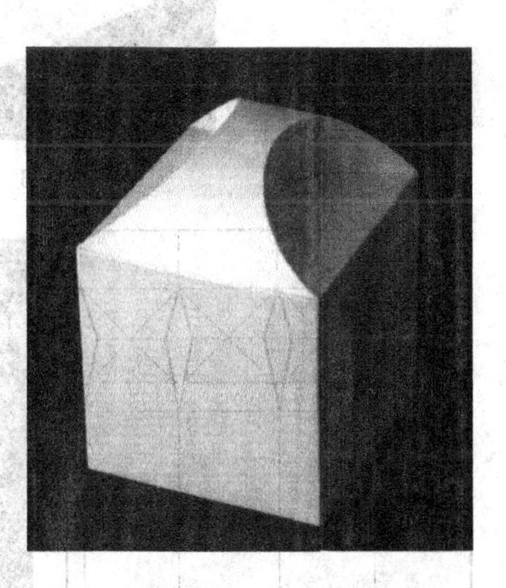

图 1-2-61　盖的造型设计 1-2

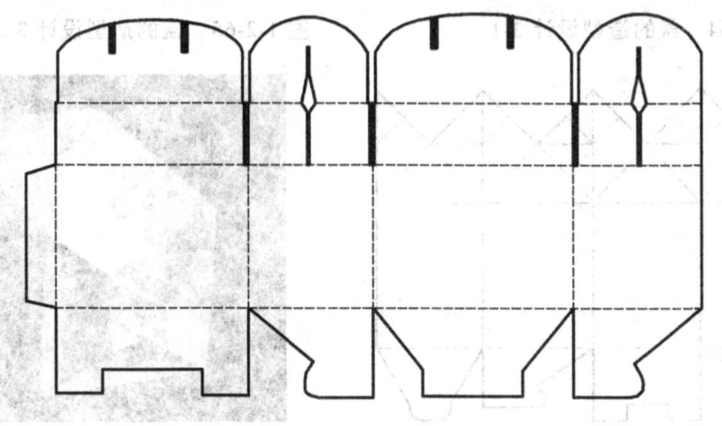

图 1-2-62　盖的造型设计 2-1

图 1-2-63　盖的造型设计 2-2

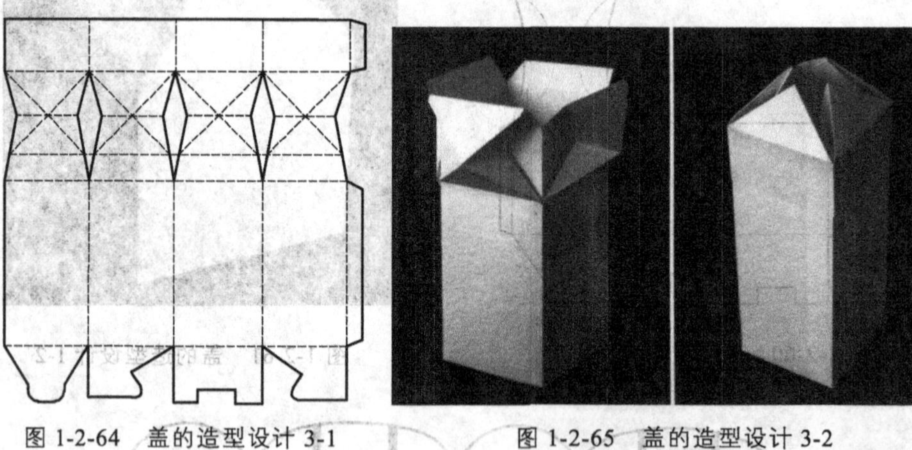

图 1-2-64　盖的造型设计 3-1　　图 1-2-65　盖的造型设计 3-2

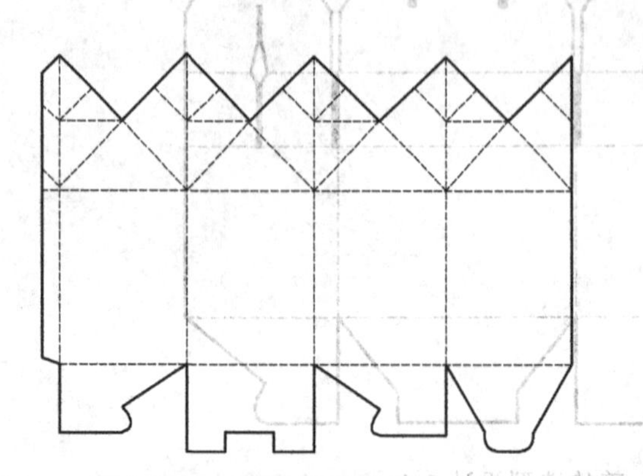

图 1-2-66　盖的造型设计 4-1

图 1-2-67　盖的造型设计 4-2

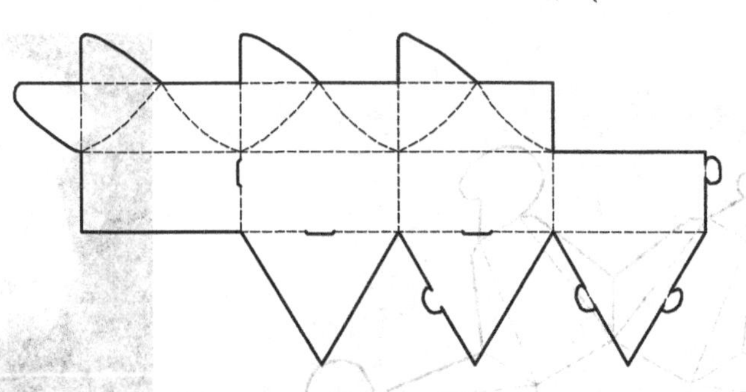

图 1-2-68　盖的造型设计 5-1

图 1-2-69　盖的造型设计 5-2

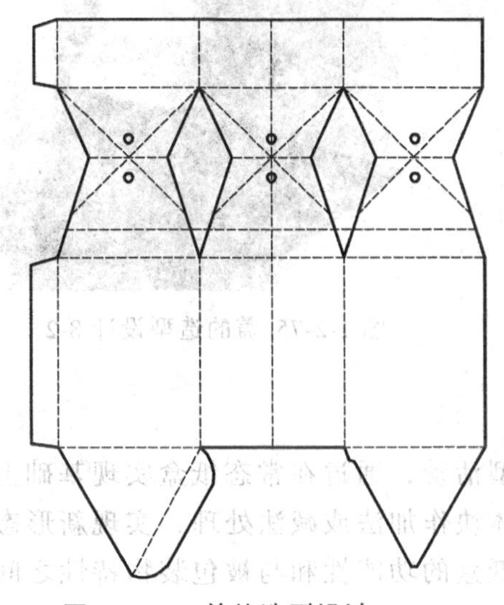

图 1-2-70　盖的造型设计 6-1

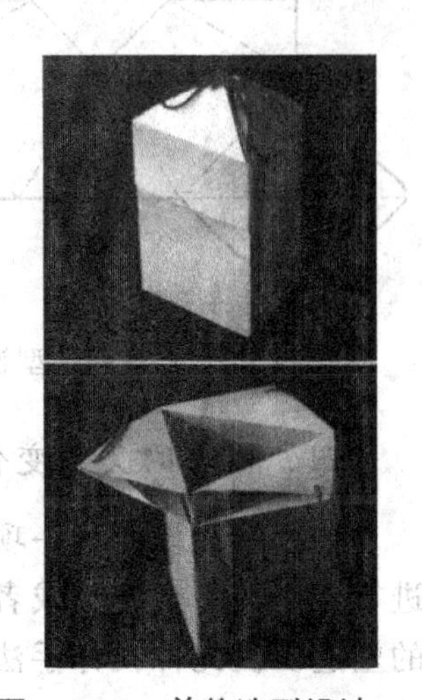

图 1-2-71　盖的造型设计 6-2

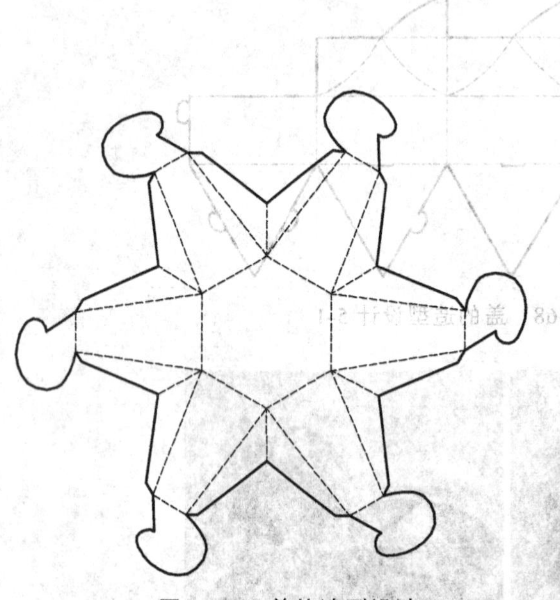

图 1-2-72 盖的造型设计 7-1

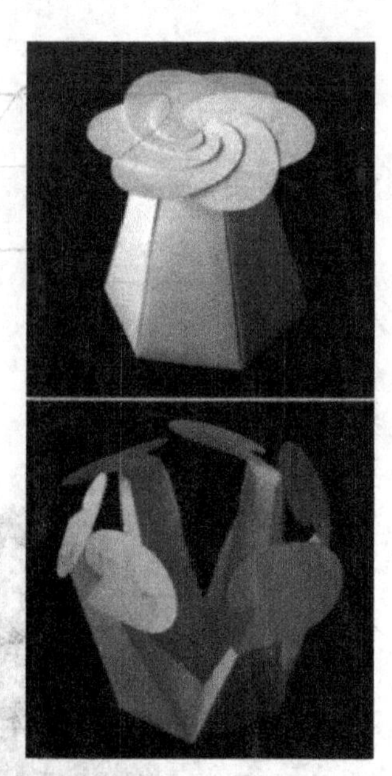

图 1-2-73 盖的造型设计 7-2

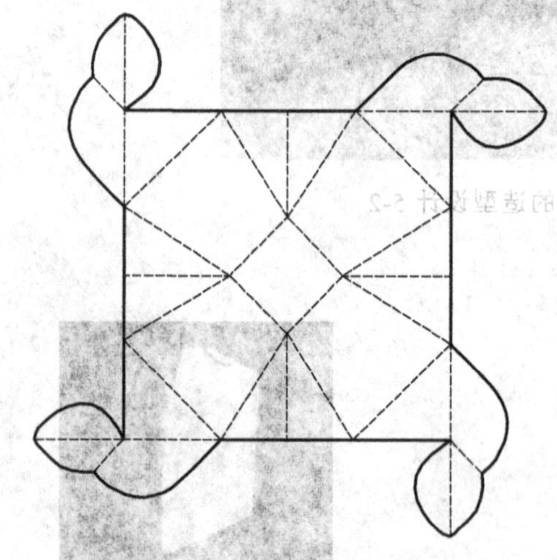

图 1-2-74 盖的造型设计 8-1

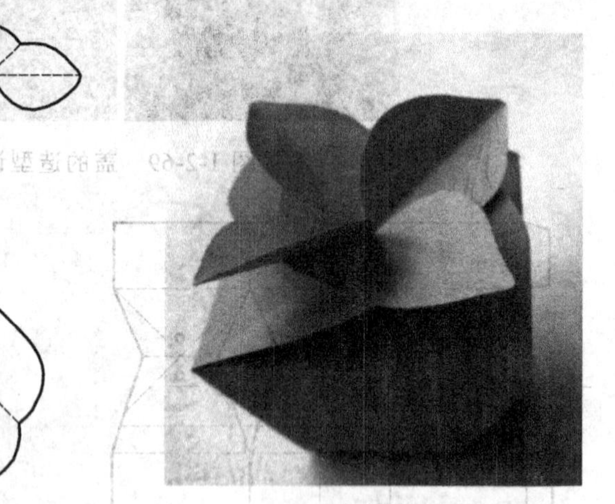

图 1-2-75 盖的造型设计 8-2

## 四、体面的关系变化

包装结构设计是一项三维空间造型活动，通过在常态纸盒实现基础上进行体面关系变化，或者对基本纸盒体块作加法或减法处理，实现新形态的塑造。但此种设计手法建立在实现纸盒的功能性和与被包装物特性之间的和谐关系的基础上（如图 1-2-76 至图 1-2-87）。

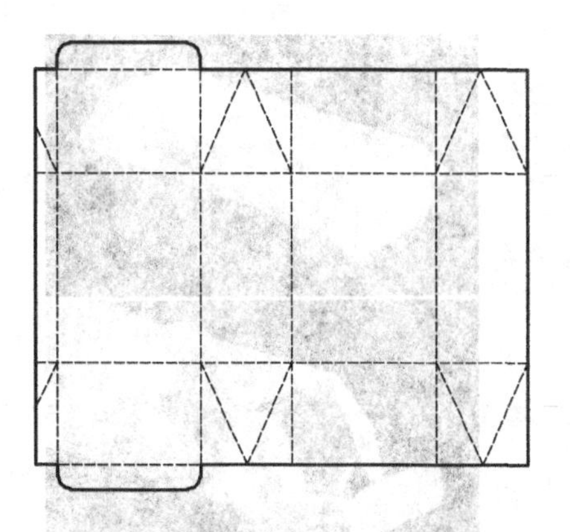

图 1-2-76　体面的关系变化 1-1

图 1-2-77　体面的关系变化 1-2

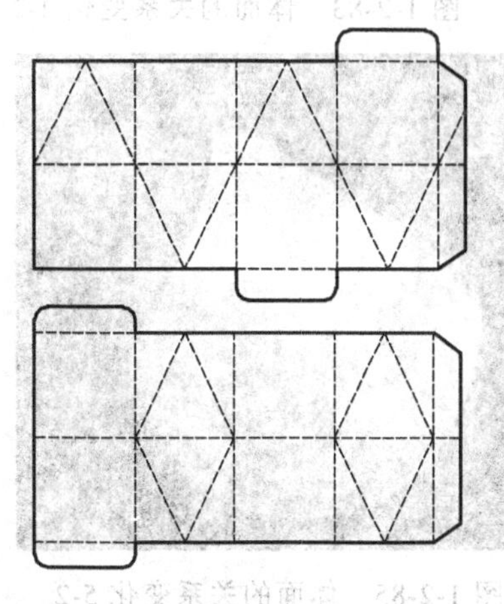

图 1-2-78　体面的关系变化 2-1

图 1-2-79　体面的关系变化 2-2

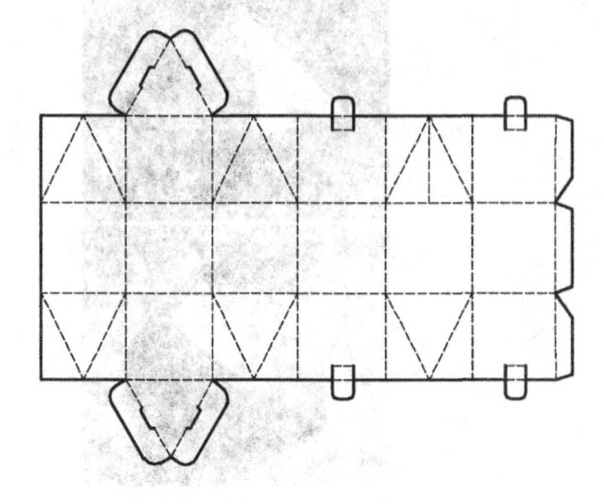

图 1-2-80　体面的关系变化 3-1

图 1-2-81　体面的关系变化 3-2

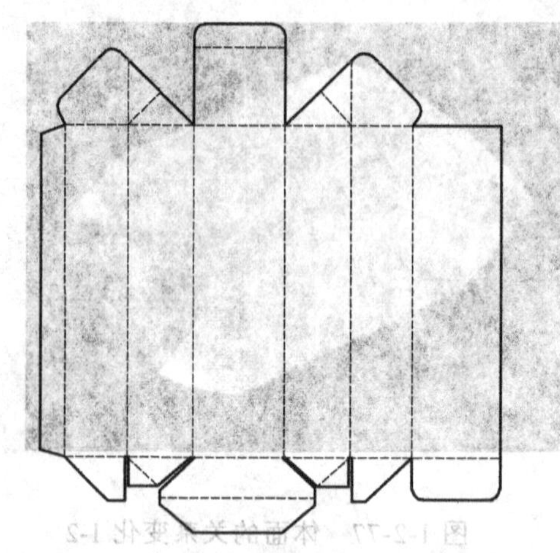

图 1-2-82　体面的关系变化 4-1

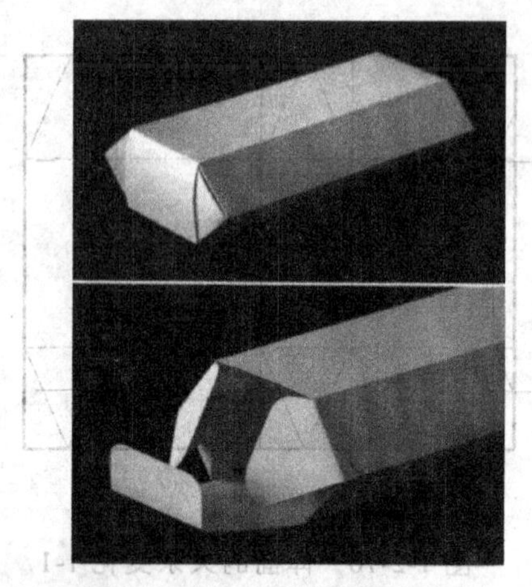

图 1-2-83　体面的关系变化 4-2

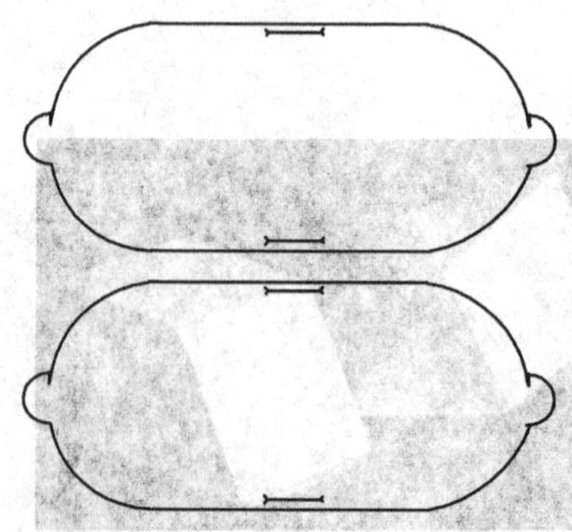

图 1-2-84　体面的关系变化 5-1

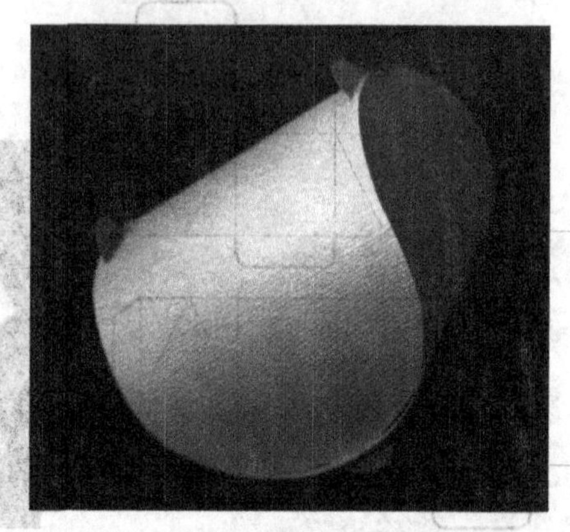

图 1-2-85　体面的关系变化 5-2

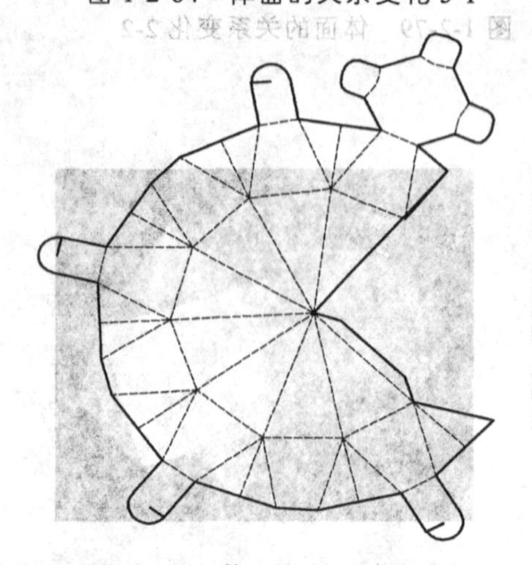

图 1-2-86　体面的关系变化 6-1

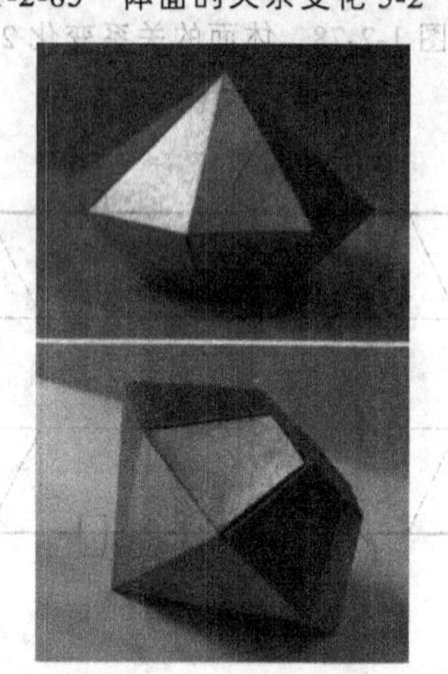

图 1-2-87　体面的关系变化 6-2

## 五、折线的变化

纸盒结构的形态塑造很大程度归功于折线的设计，常态纸盒结构是由直折线塑造成型，通过改变直折线的运行轨迹，使之发生方向上的小变化，塑造出来的盒体形态就会发生意想不到的大变化。因此，对于改变折线来塑造新的纸盒形态，需要设计人员充分把握并灵活运用纸张的自身特性和纸盒结构成型的可能性与可操作性（如图 1-2-88 至图 1-2-99）。

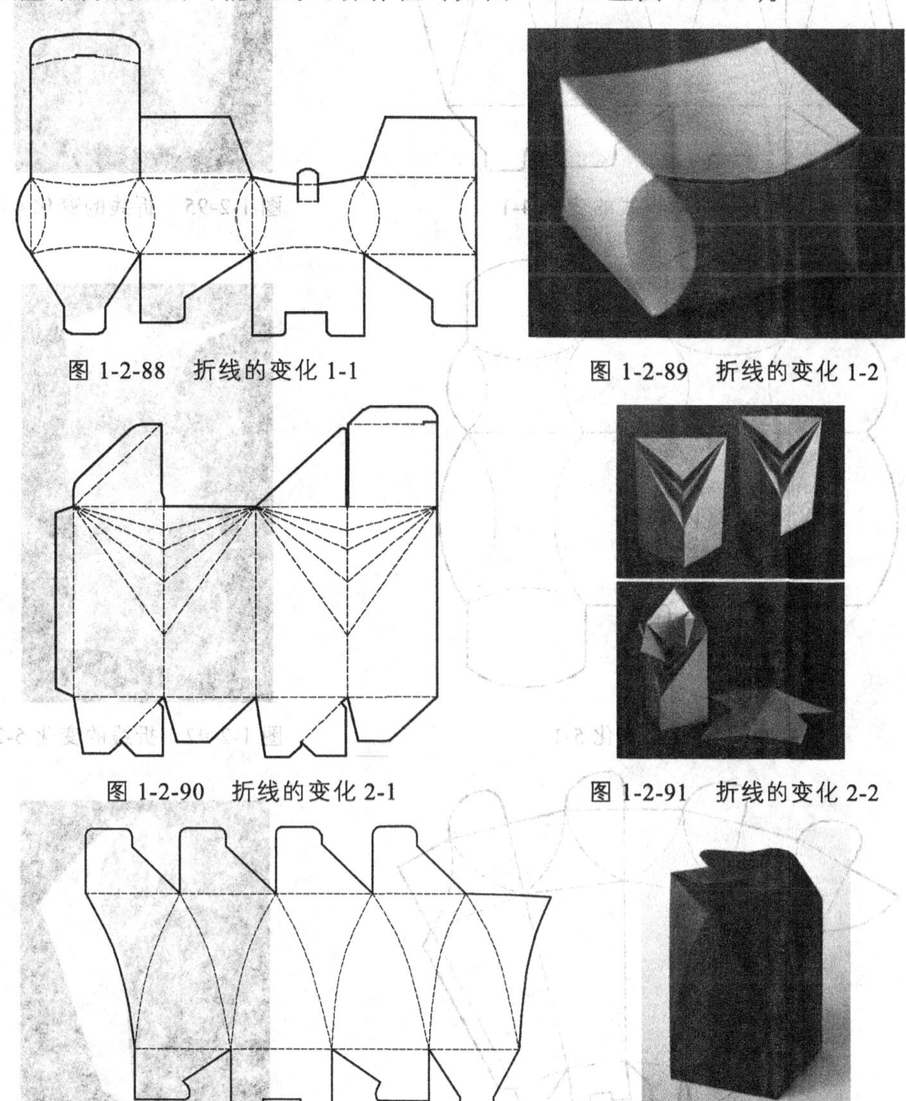

图 1-2-88　折线的变化 1-1

图 1-2-89　折线的变化 1-2

图 1-2-90　折线的变化 2-1

图 1-2-91　折线的变化 2-2

图 1-2-92　折线的变化 3-1

图 1-2-93　折线的变化 3-2

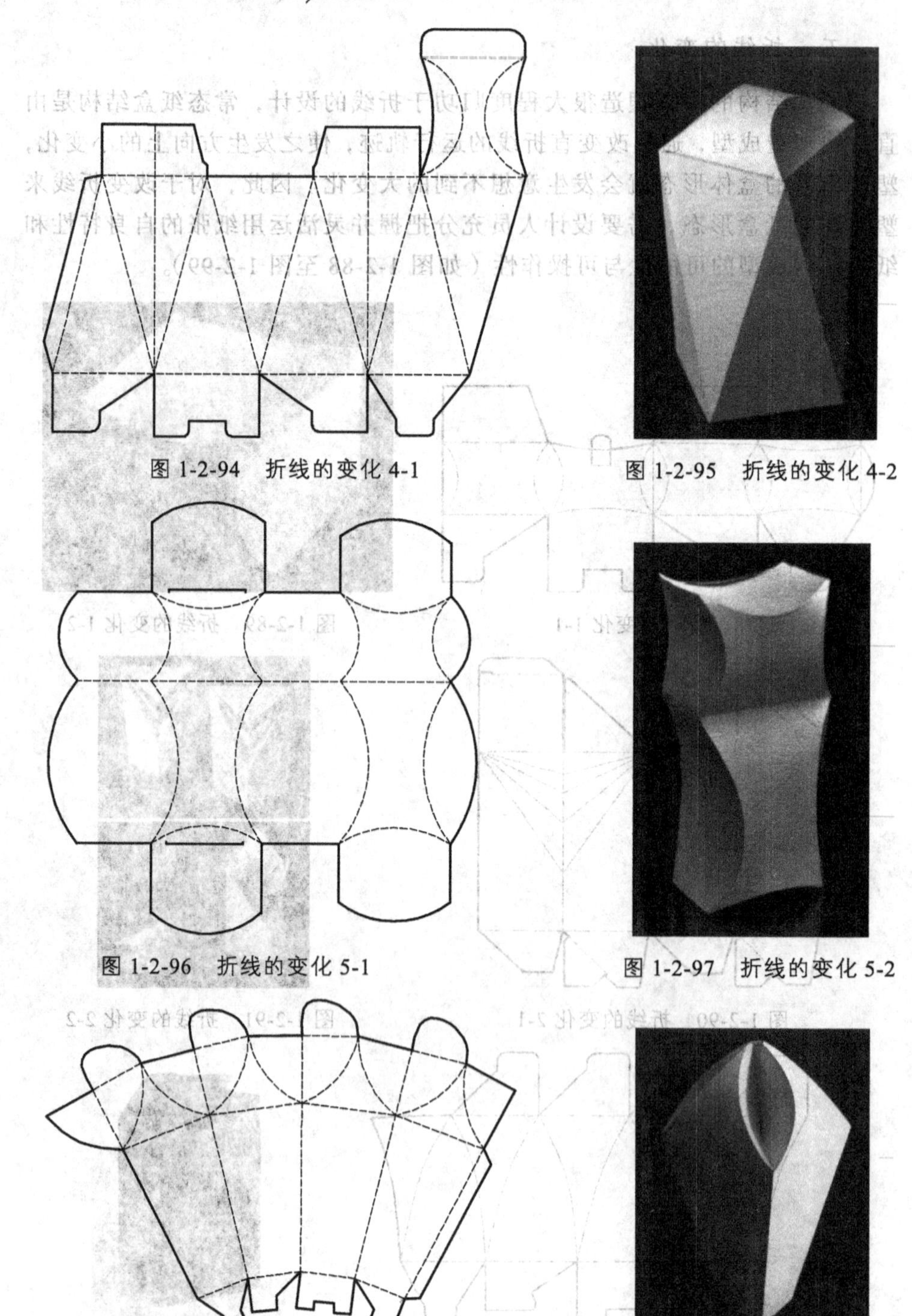

图 1-2-94　折线的变化 4-1

图 1-2-95　折线的变化 4-2

图 1-2-96　折线的变化 5-1

图 1-2-97　折线的变化 5-2

图 1-2-98　折线的变化 6-1

图 1-2-99　折线的变化 6-2

## 六、吊挂和提手部分的设计

在超市里有许多如文具、牙刷、电池等小尺寸的产品，这些产品的小包装若在货架上码放，多则给工作人员增加工作量，少则被人忽视，失去了促进产品销售这一商业功能，所以，给这些小尺寸包装作吊挂式设计，让其在最佳的位置和角度以立体空间展示的方式出现在消费者的视域，可有效提升销量（如图 1-2-100 至图 1-2-105）。也有如饮料、小家电等商品，因质量较大给消费者携带造成困扰，在进行结构设计时增加提手部分，并根据被包装物的体积和重量要求选用合适的纸材和提手结构，可有效解决此问题（如图 1-2-106 至图 1-2-117）。

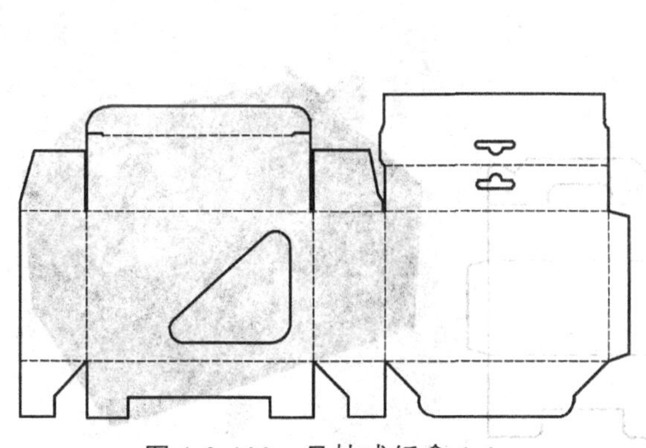

图 1-2-100 吊挂式纸盒 1-1

图 1-2-101 吊挂式纸盒 1-2

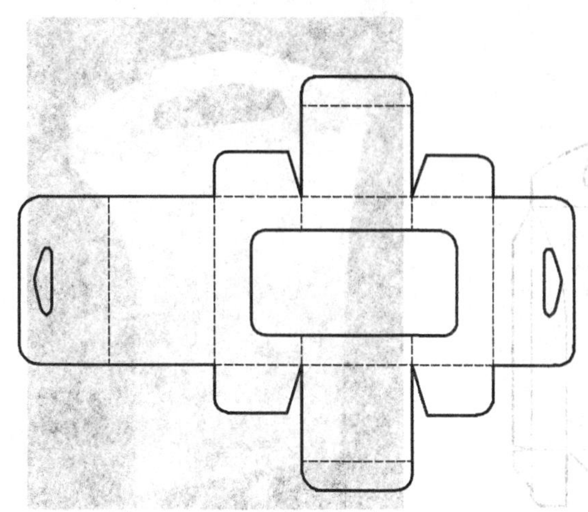

图 1-2-102 吊挂式纸盒 2-1

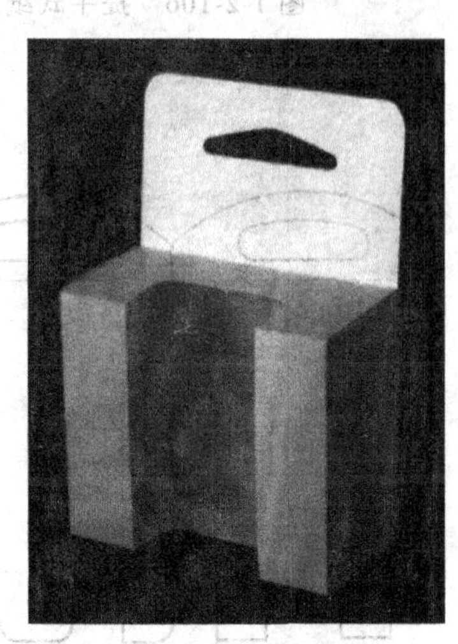

图 1-2-103 吊挂式纸盒 2-2

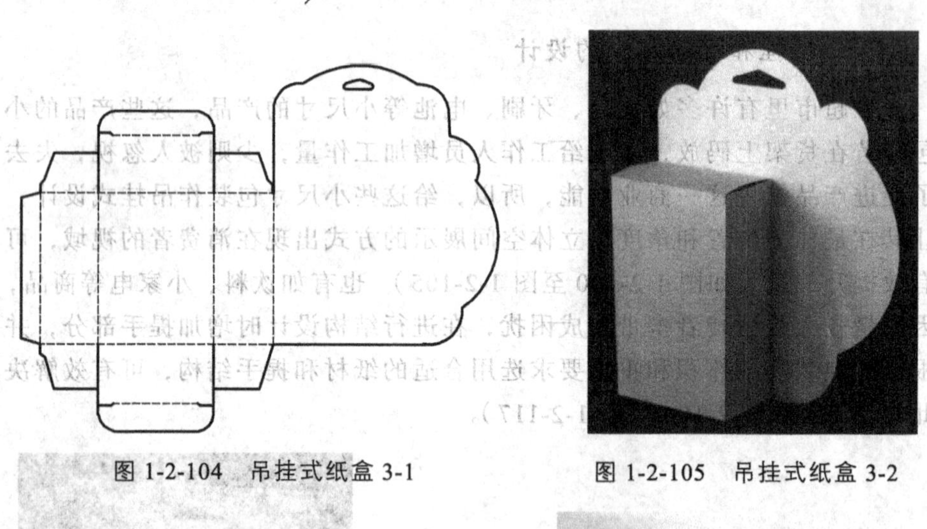

图 1-2-104　吊挂式纸盒 3-1

图 1-2-105　吊挂式纸盒 3-2

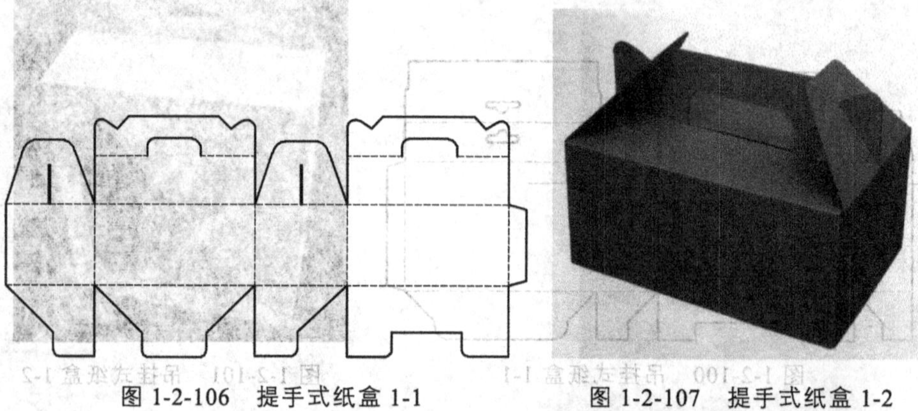

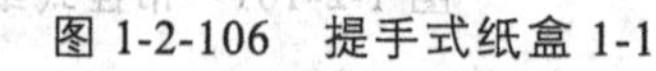

图 1-2-106　提手式纸盒 1-1

图 1-2-107　提手式纸盒 1-2

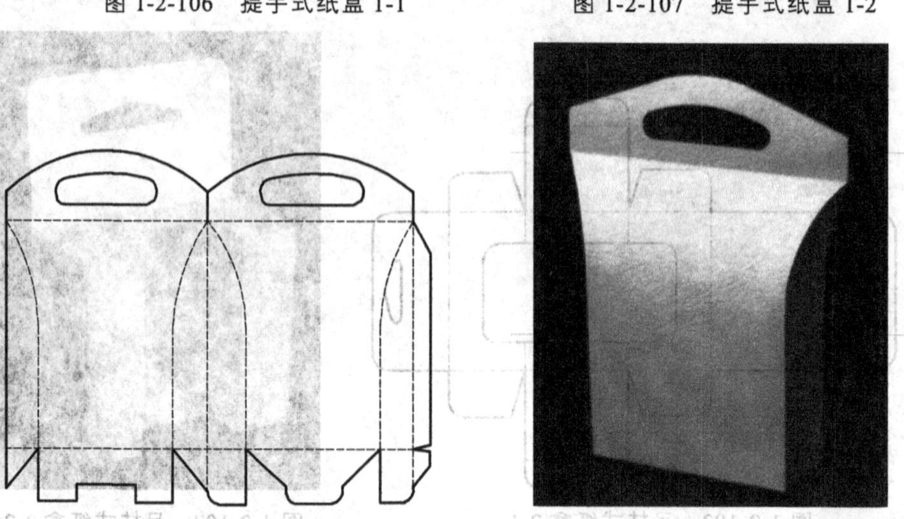

图 1-2-108　提手式纸盒 2-1

图 1-2-109　提手式纸盒 2-2

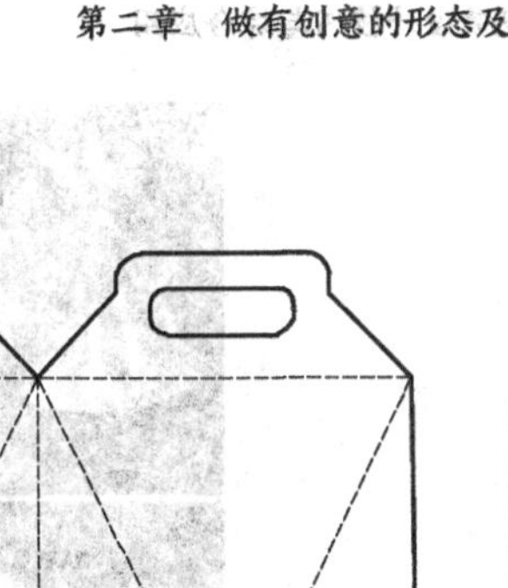

图 1-2-110　提手式纸盒 3-1

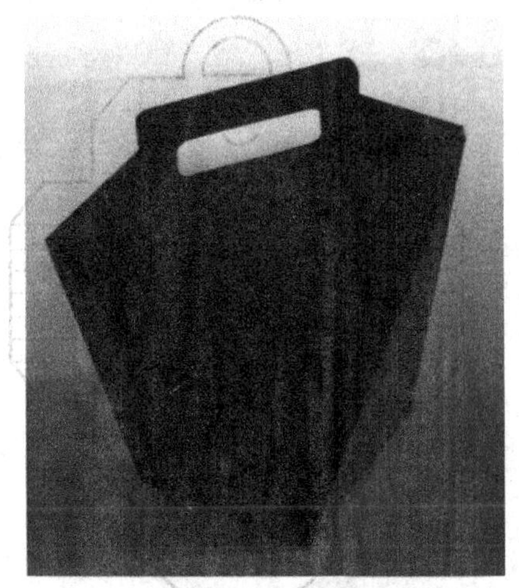

图 1-2-111　提手式纸盒 3-2

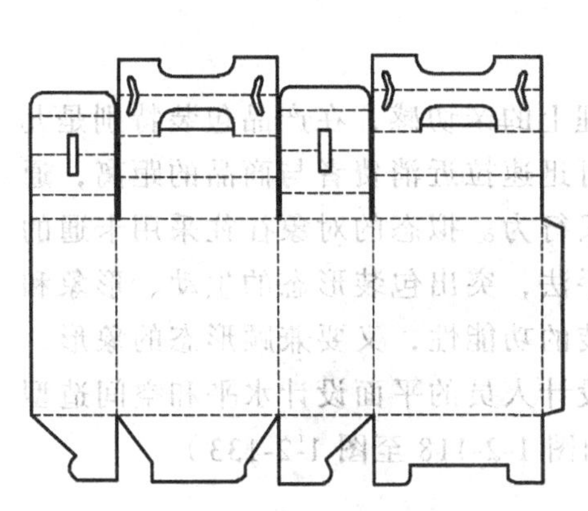

图 1-2-112　提手式纸盒 4-1

图 1-2-113　提手式纸盒 4-2

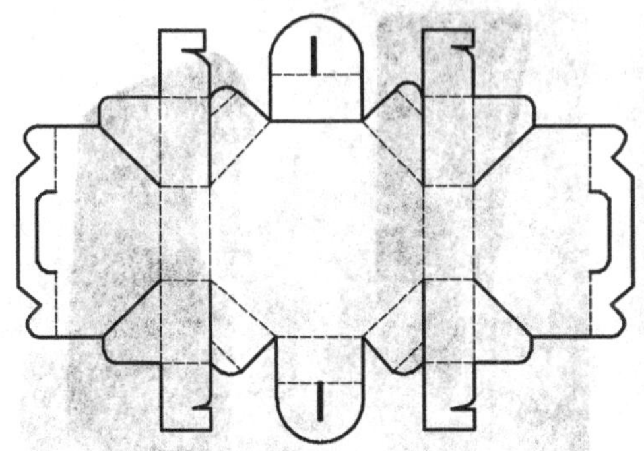

图 1-2-114　提手式纸盒 5-1

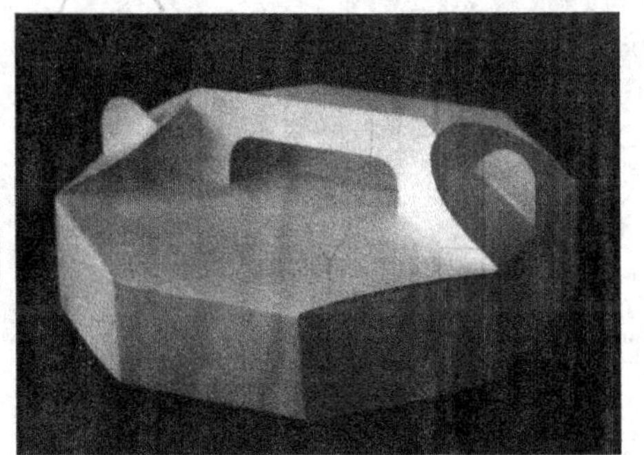

图 1-2-115　提手式纸盒 5-2

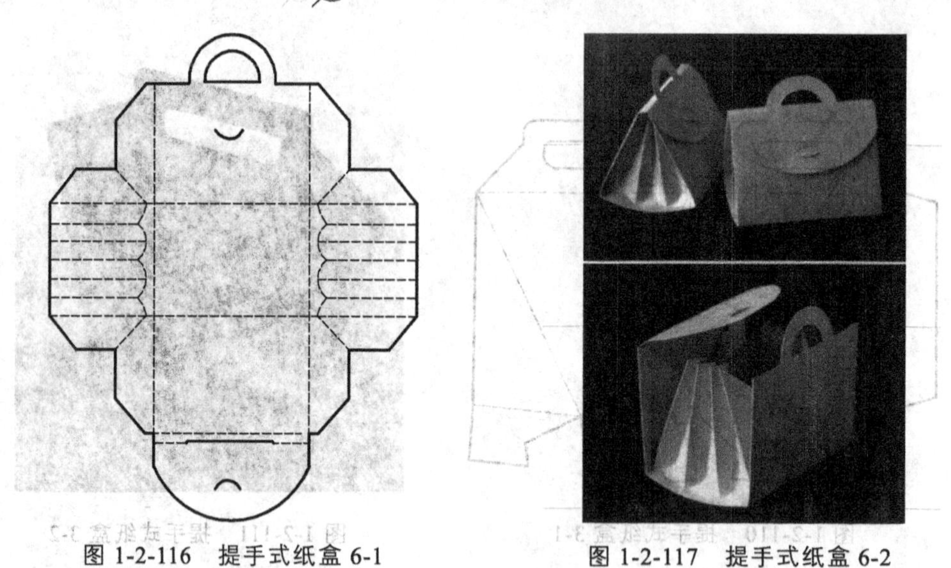

图 1-2-116　提手式纸盒 6-1　　图 1-2-117　提手式纸盒 6-2

## 七、拟态手法的运用

人们通常会对具象的事物产生心理上的亲切感，在产品包装特别是儿童用品的包装设计中采用拟态手法，可迅速拉近消费者与商品的距离，通过对商品的进一步了解，最终促成购买行为。拟态的对象往往采用卡通的动植物或人造物，以简洁概括的表现手法，突出包装形态的生动、形象和吸引力。拟态的包装结构既要满足包装的功能性，又要兼顾形态的象形，且要考虑纸盒结构的成型可能，这对设计人员的平面设计水平和空间造型能力的综合运用提出了较高的要求（如图 1-2-118 至图 1-2-133）。

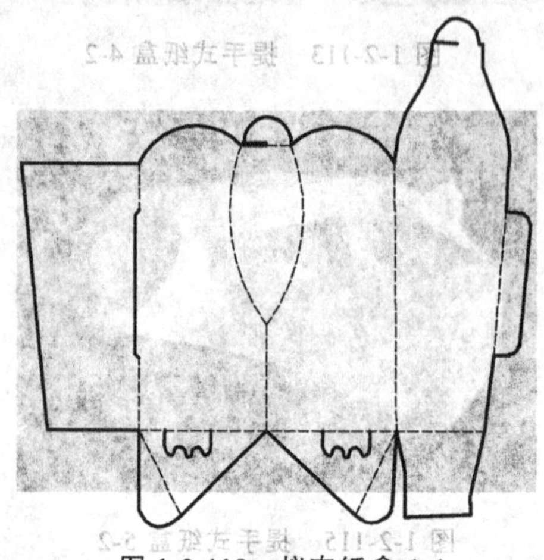

图 1-2-118　拟态纸盒 1-1

图 1-2-119　拟态纸盒 1-2

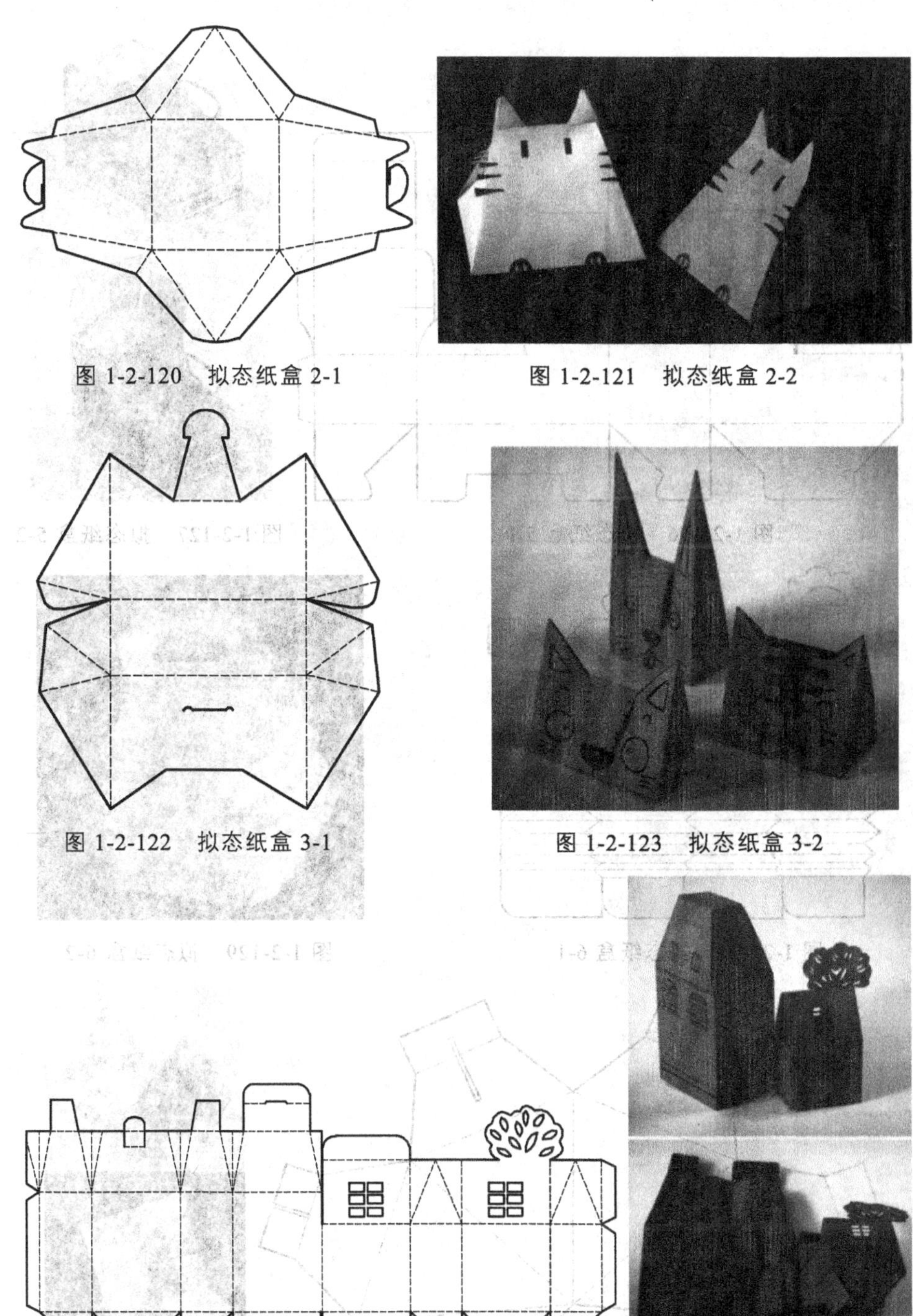

图 1-2-120　拟态纸盒 2-1

图 1-2-121　拟态纸盒 2-2

图 1-2-122　拟态纸盒 3-1

图 1-2-123　拟态纸盒 3-2

图 1-2-124　拟态纸盒 4-1

图 1-2-125　拟态纸盒 4-2

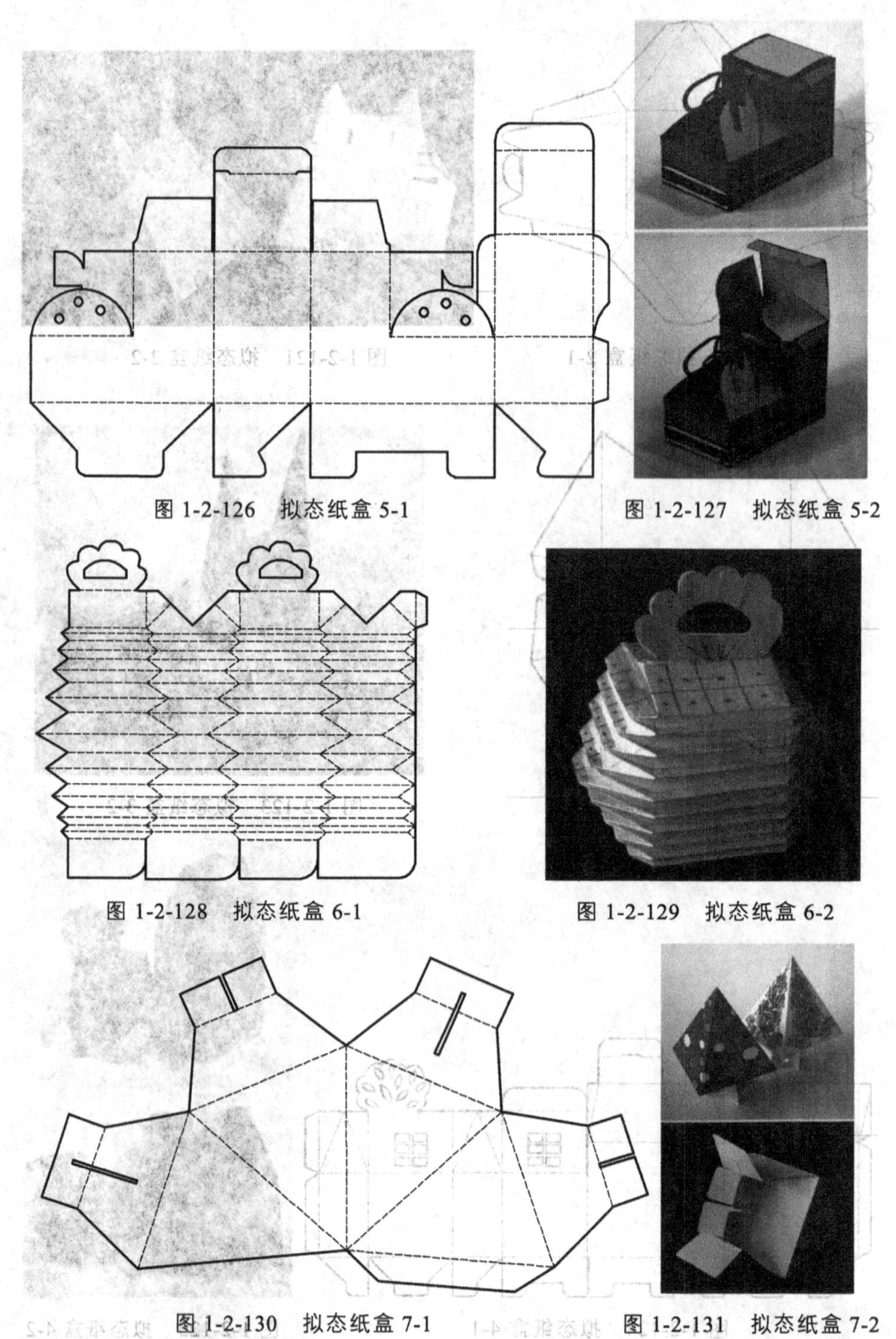

图 1-2-126　拟态纸盒 5-1

图 1-2-127　拟态纸盒 5-2

图 1-2-128　拟态纸盒 6-1

图 1-2-129　拟态纸盒 6-2

图 1-2-130　拟态纸盒 7-1

图 1-2-131　拟态纸盒 7-2

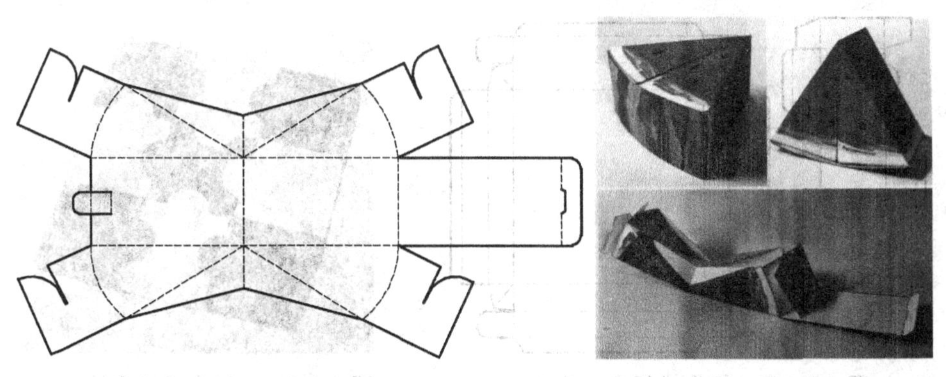

图 1-2-132 拟态纸盒 8-1　　图 1-2-133 拟态纸盒 8-2

## 八、组合式结构设计

成套的产品包装有时是需要集合销售的，这就需要在包装容器内部空间设置区域隔断。市面上常见的做法是在盒体内部另外增加隔断结构，在此，我们利用纸张的成型规律，通过对包装结构的研究，实现包装盒主体与内部间隔结构的一体化设计，既实现被包装物有效间隔，又提高包装效率（如图 1-2-134 至图 1-2-145）。

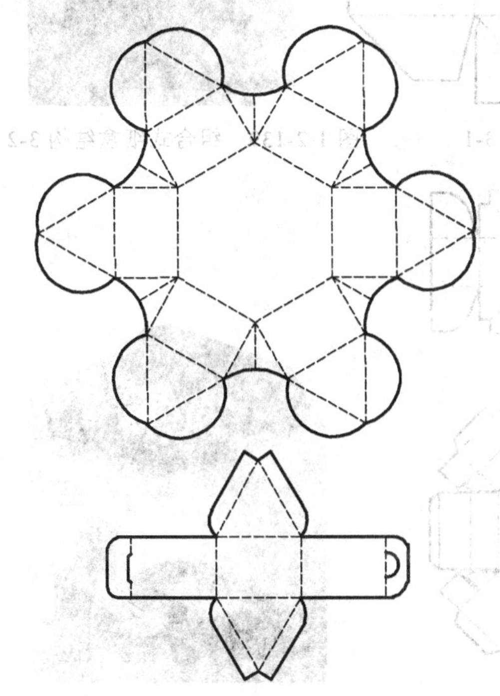

图 1-2-134 组合式纸盒结构 1-1

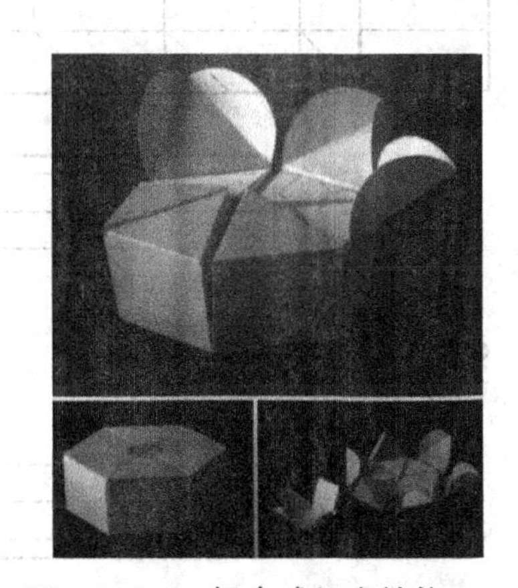

图 1-2-135 组合式纸盒结构 1-2

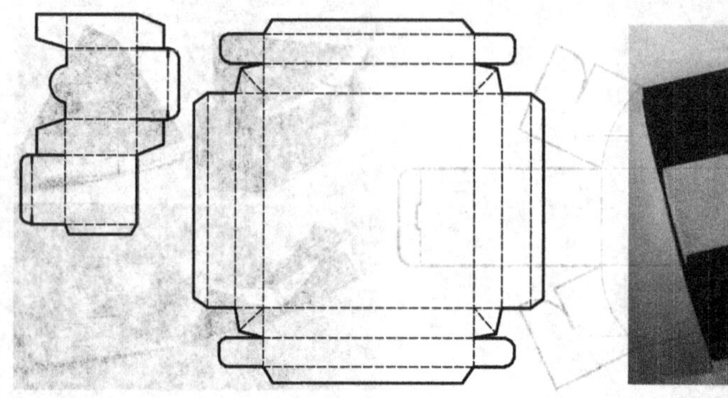

图 1-2-136　组合式纸盒结构 2-1

图 1-2-137　组合式纸盒结构 2-2

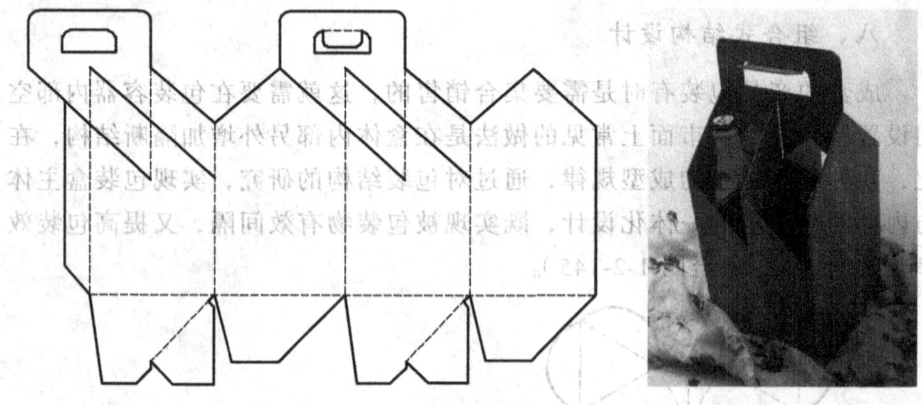

图 1-2-138　组合式纸盒结构 3-1

图 1-2-139　组合式纸盒结构 3-2

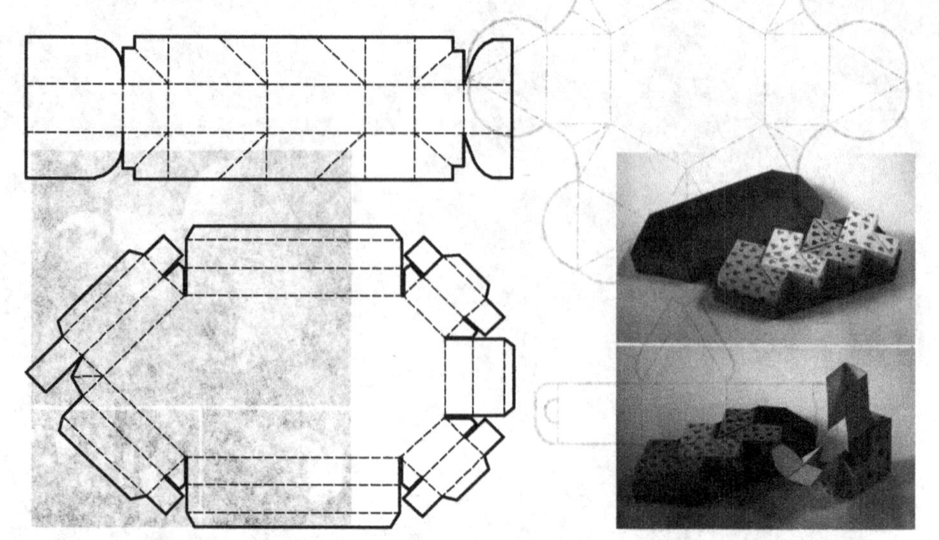

图 1-2-140　组合式纸盒结构 4-1

图 1-2-141　组合式纸盒结构 4-2

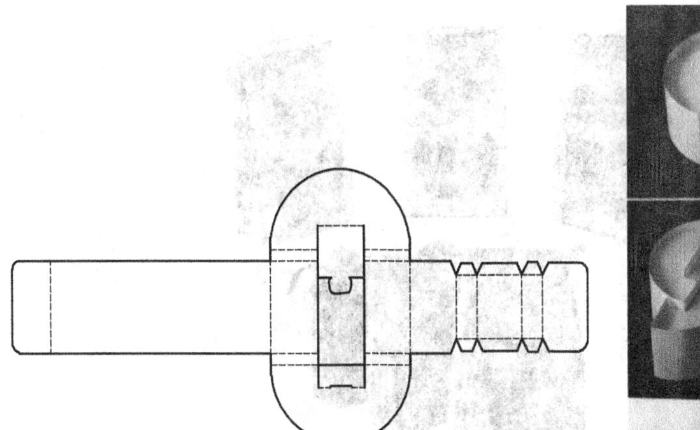

图 1-2-142　组合式纸盒结构 5-1

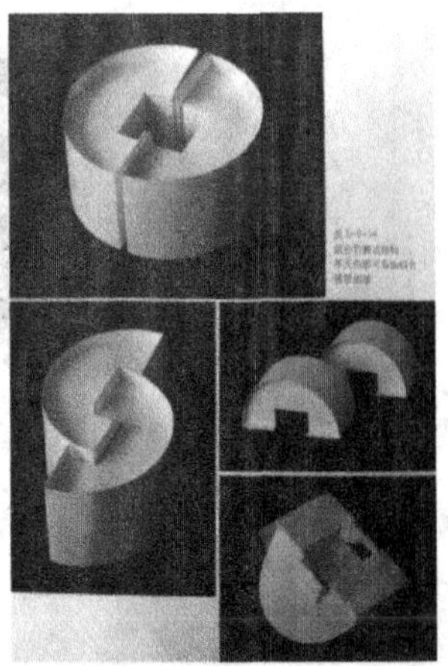

图 1-2-143　组合式纸盒结构 5-2

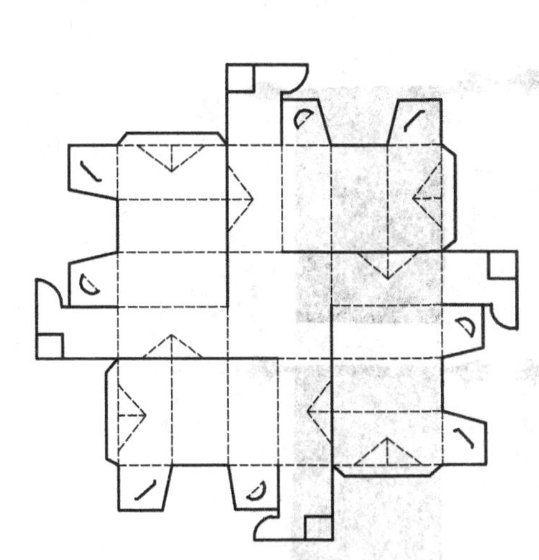

图 1-2-144　组合式纸盒结构 6-1

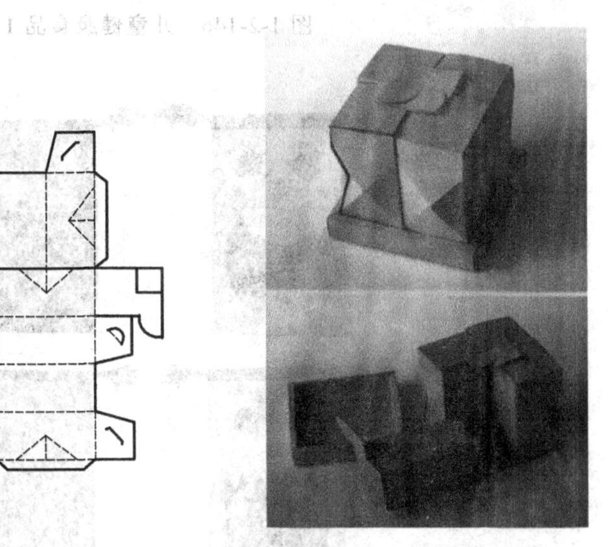

图 1-2-145　组合式纸盒结构 6-2

## 第四节　包装造型及结构释义

### 一、儿童健康食品

图 1-2-146 和 1-2-147 是一组健康食品的包装设计，其目标群体为儿童，所以此包装模拟了可爱的小动物头部形象作为包装造型，整体风格一致，在小动物的嘴部作透明开窗处理，可直观看到内包装物。为呼应“健康食品”的主题，在包装的背面还有对健康食品的介绍。

图 1-2-146　儿童健康食品 1

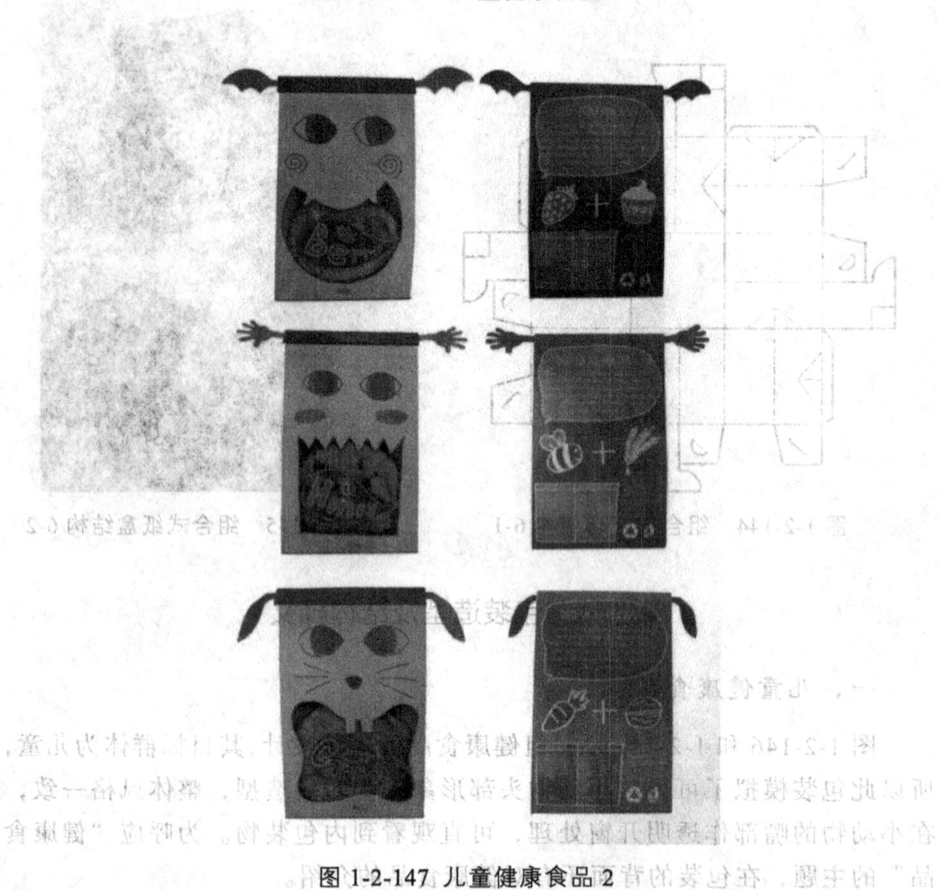

图 1-2-147 儿童健康食品 2

## 二、FullyLoaded 茶盒与展示

图 1-2-148 包装设计为方便在饭店和餐厅中展示，盒子采用模切后期工艺制造出了独特的下置式抽屉，取代了常见的前部撕开式盒子，这种定制的展示手段很吸引人，可有效激发消费者的购买兴趣。

图 1-2-148 FullyLoaded 茶盒与展示

## 三、饮料包装的拟态结构设计

图 1-2-149 所示，该饮料包装以产品口味对应的水果刨开面为原型，配合不同的水果图案做拟态包装造型设计，使消费者通过包装就可以直观、明确地了解内包装物，有趣的造型容易受到消费者特别是儿童消费群体的欢迎，有益于产品的销售。

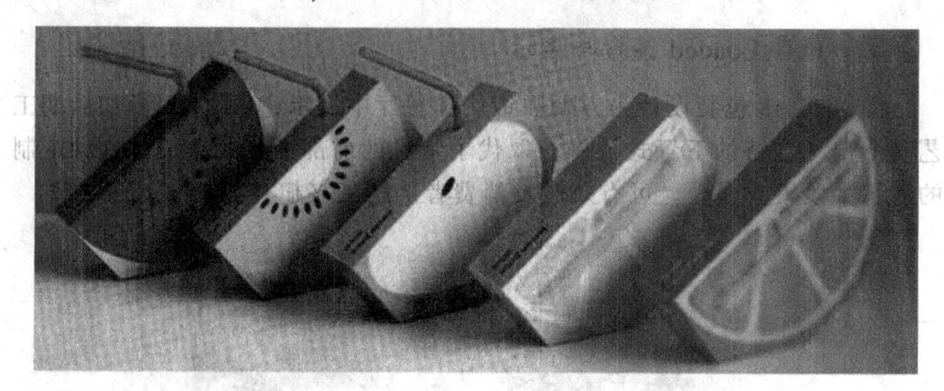

图 1-2-149　饮料包装的拟态结构设计

## 四、便于携带、陈列的酒瓶包装结构设计

图 1-2-150 这款带有提手的酒包装，被设计成可拆开、组装的结构，自带的提手便于携带，拆开后重新组装起来可作为酒架，方便陈列，所选材料固有的特性配合支架结构，能提高包装的抗压性和稳定性。

图 1-2-150　便于携带、陈列的酒瓶包装结构设计

## 五、盛美家果园精致果酱

图 1-2-151 是为系列食品设计的组合包装，木蓝的提手模拟人手提拉动作时形成的弧度，提手的高度和宽度略大于手掌的高度与宽度，便于手掌自由伸入提手孔，符合人体工程学原理，舒适而又省力。

图 1-2-151 盛美家果园精致果酱

## 六、慕德甜品咖啡店

图 1-2-152 的项目是为一家无糖甜品咖啡店提供的早餐外带包装设计。外带商品有两种包装：一种盛放咖啡和饼干或长条蛋糕，另一种盛放咖啡、松糕或甜甜圈，其中盛放咖啡、松糕或甜甜圈的包装结构采用错位设计和卡位设计，将咖啡和蛋糕隔开，咖啡固定在卡槽中，因此蛋糕不会因碰撞而变形，也无需担心咖啡倾洒出来。贴纸的设计也分为两种，一种表明内装产品，另一种则写有心情文字。整个设计充满现代图形风格，利用巧妙的结构宣传无糖产品，以吸引广泛的顾客。

图 1-2-152 慕德甜品咖啡店

## 七、“福禄寿喜”赐喜印章杯组

图 1-2-153 的包装上运用窗花图案及篆字型作为视觉主轴。“福禄寿喜”是中国文化里的主要祝福话语，而窗花图饰代表的民俗意义不仅有美化生活的作用，而且还有寄托着人们对生活理想的追求与渴望。祈祝生活富裕、后代昌隆、人寿年丰及接福纳祥，窗花图饰象征着古老丰富的文化内涵。视觉设计以四个代表“福禄寿喜”的不同窗花图案为主，选用红色的窗花颜色搭配茶杯，象征喜气。盒内佐以衬垫将茶杯倒放，呈现茶杯最重要的特色——杯底篆刻。利用上下盒盖用红绳从中串起，将四个盒子套住，外观呈现具有中国风味的灯笼造型，同时也延续系列产品在视觉上的一致性。设计师利用正反两面不同的印刷，使单一盒子可以呈现两种不同的设计图案，同时包装可以再利用，杯子取出后，盒身可变成年节迎宾的糖果盒，充满喜气，美观大方。

图 1-2-153 “福禄寿喜”赐喜印章杯组

## 八、五行元宝凤梨饼

图 1-2-154 和图 1-2-155 这两款极具创新性的年节礼盒绝不仅仅是一个装有美食的盒子。其设计灵感来自于中国古老的占星术以及五行的元素，将台湾本土祝福俗语与中国新年传统融合进五角形状的盒子中。盒子的每一边都对应着一种五行元素，同时每个元素也象征一种生肖：金象征鸡，木象征犬，水象征猪，火象征羊，土象征牛。另外，这款包装在设计上也较为多功能化。包装设计的概念融入了传统的中国剪纸图绘，五行意义的盒盖也可成为新年时桌上的展示品，寓意多财多福。外盒包装的五个角可以剪下来成为五畜祝福的书签，象征着一整年的好运相伴。

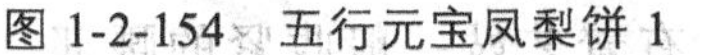

图 1-2-154 五行元宝凤梨饼 1

图 1-2-155 五行元宝凤梨饼 2

## 九、恩普茶

虽然茶是一种非常古老的饮品，但通过设计工作室在包装上的创新设计，使其富有现代感。图 1-2-156 和图 1-2-157 这款包装的结构集方便与清新于一身，非常适合摆在商店的货架上。它最大的特点是包装的开合方式。一个盒子看起来像是一块切开的蛋糕，用丝带将六个盒子捆绑在一起，就成了一个蜂巢的形状，摆在货架上一眼看去就非常有吸引力，并且也很适合作为赠送他人的礼物。

图 1-2-156　恩普茶 1

图 1-2-157　恩普茶 2

## 十、寿司寿司

图 1-2-158 作为新式日本料理的系列包装设计之一，每个单独的富有个性的包装结构都与日本传统文化息息相关，有着艺妓一般收紧的腰部，象

征武士精神的刚正线条，侧面则体现了相扑的特色。由具有日本传统午餐盒特色的三个独立盒子组成的包装，分别盛放开胃菜、主食和调味料。

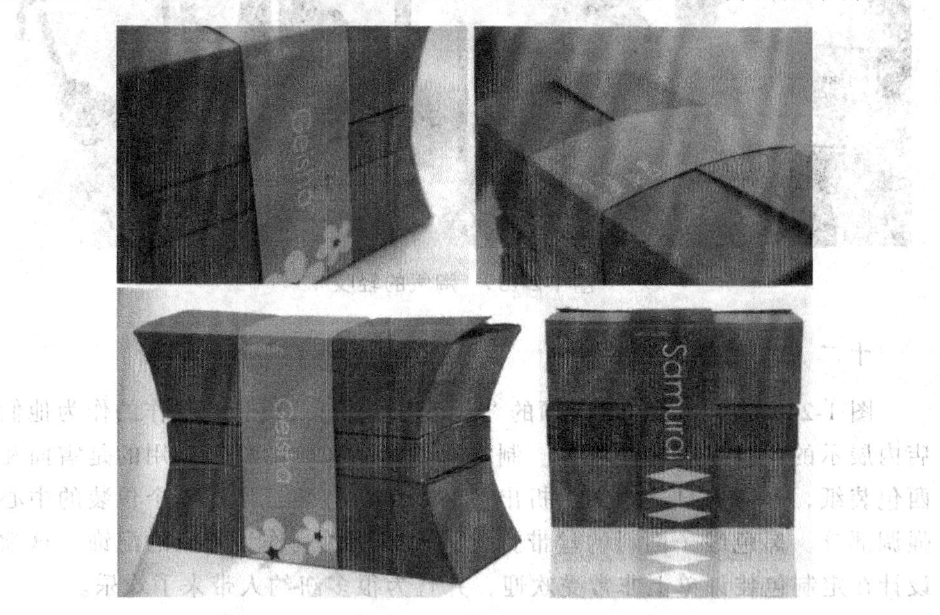

图 1-2-158　寿司寿司

十一、淘气的轻咬

图 1-2-159 的淘气的轻咬是应邀为以品牌概念设计的情人节巧克力礼品包装。这款设计概念的目标人群是 18~25 岁的女性，灵感来源于脱衣舞的挑逗，剥去层层的“外衣”，映入眼帘的便是雕成人形的巧克力。

图 1-2-159　淘气的轻咬

## 十二、衬衫风格包装

图 1-2-160 为坐落在曼哈顿的“李的艺术商店”设计和制作的作为他们店内展示的假日顾客礼品包装。制作这款礼品包装的材料选用的是雪面瓦西包装纸，并印有日式图案。折出褶皱的金色包装纸用作整个包装的中心强调部分。黑色缎子面料的丝带打成了领带的样式作为时尚的配饰。这款设计在定制包装订单上非常受欢迎，并且为很多纽约人带来了欢乐。

图 1-2-160　衬衫风格包装

## 十三、艾莱梅特巧克力

图 1-2-161 这一薄荷叶盒子巧克力包装的设计灵感源自一个礼品盒。礼品盒往往能够提升礼物的价值感。这一系列薄荷巧克力包装产品共有三个口味，即橘汁口味、柠檬口味和蜂蜜口味，鉴于此，设计师也巧妙地利用代表三种口味的元素，并将其设置在折纸树叶隔断的插槽中。每个包装盒的上方均使用了不同的图案，从而使橘汁口味、柠檬口味和蜂蜜口味鲜明地区分开来，同时，统一的包装盒结构又将它们完美整合，从而传递出和谐一致之感。对于大多数人来说，很少见到将巧克力置放在一个薄荷叶包装盒中的设计。这一包装盒还可以作为礼品盒重复利用，完全采用再生纸质材料制成的这一包装盒具有十足的环保理念。

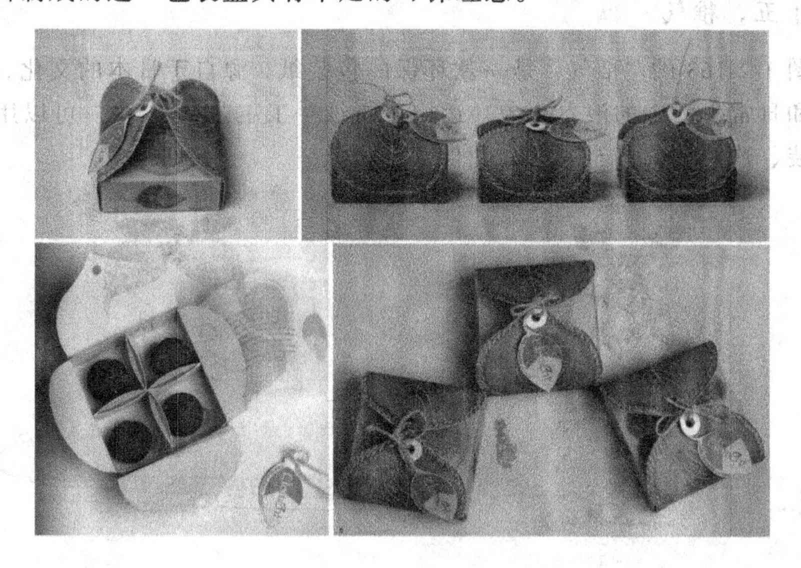

图 1-2-161 艾莱梅特巧克力

## 十四、“世界上最好的咖啡”咖啡礼品套装

图 1-2-162 的“世界上最好的咖啡”咖啡套装由 8 种最受欢迎的真空包装咖啡饼构成。独特的包装设计令人自然联想到旅行者的手提箱。简约的包装方案既便于商品在咖啡店中的清晰展示，同时更有利于运输和礼物的收集。除此之外，设计师还巧妙地将咖啡产地国家的代表性民族与文化团应用到套装的包装和咖啡包装设计中。绘制的生动的民族形象将不同口味的咖啡鲜明地区分。同时，三个色彩不同的贴纸更是将咖啡分成三个系列，它们分别是经典款、独家款与马拉戈日皮款。

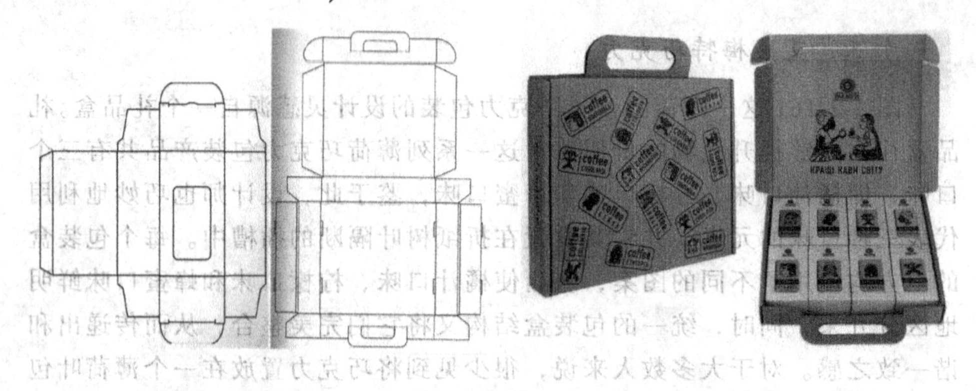

图 1-2-162 “世界上最好的咖啡”咖啡礼品套装

## 十五、稚气

图 1-2-163 的“稚气”是一款环保的包装纸，源自于日本的文化，关注环保和日常生活中的浪费现象。运用了折纸手工工艺，“稚气”可以用作礼品包装、购物袋，甚至是时尚配件。

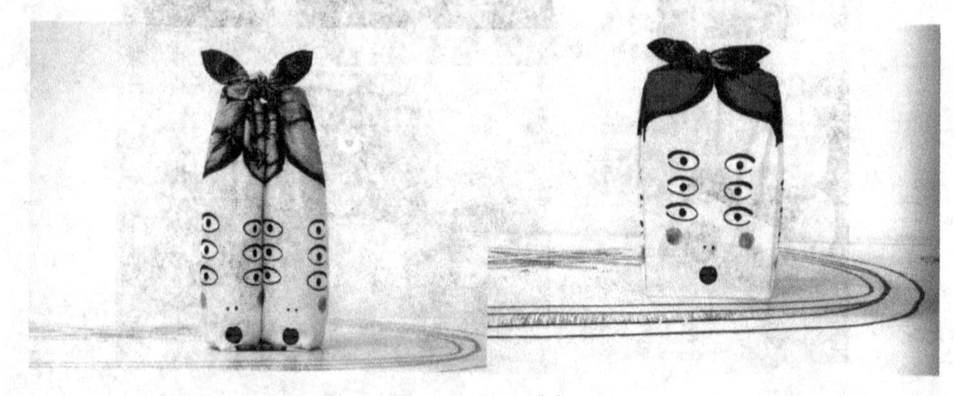

图 1-2-163 稚气

## 十六、包裹布的使用方法（见图 1-2-164）

将两本书分别放于包裹布的两侧，书与包裹布中间必须空出该书两个大小的空间（步骤 1），将包裹布的一角盖于一侧的书上，并且包着书翻转至中线（步骤 2~5），提起包裹布的左右两角（步骤 6），拉紧并在中间交叉，将交叉部分置于两书中间的空隙区域，并沿着书的轮廓向外拉伸包裹布的两角（步骤 7、8），拉紧包裹布的两角，同时将中线一边的书向另一边翻折（步骤 9、10），将两角拉出，书直立起来，在顶部打结形成提手（步骤 11~13）。

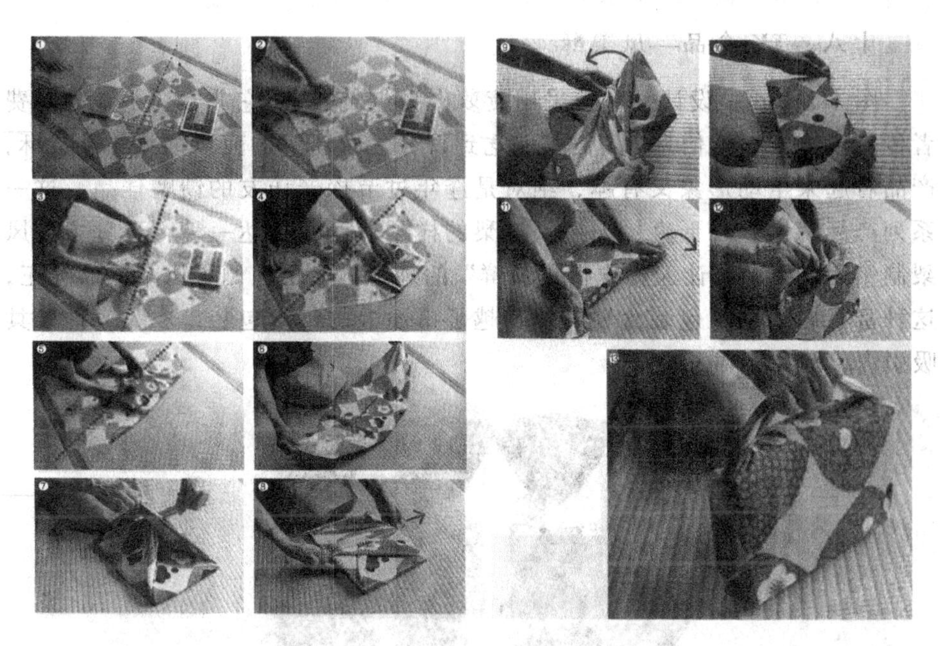

图 1-2-164 包裹布的使用方法

## 十七、Neige 苹果冰酒礼品套装

图 1-2-165 是切兹·瓦利斯为 Neige 苹果酒设计的一款特别版发行礼盒套装。盒内设置的镜子，像是独特的内衬，使得这款包装对消费者极具吸引力。这种一片成型的包装，在制作过程中完全没有使用胶水，盒子的背后还附有品酒手记。Neige 苹果酒的“苹果被隐藏起来的另一面”灵感来源于苹果冰酒的独特制作工艺，以及魁北克特殊的天气。Neige（英语中“雪”的意思）苹果冰酒发源于加拿大地区，依靠冬季极度的严寒使糖分实现自然浓缩。

图 1-2-165 Neige 苹果冰酒礼品套装

## 十八、TK 食品—凤梨酥

图 1-2-166 是设计师直接采用菠萝作为包装造型，它非常清楚地向消费者传达了这样一个信息，人们可以吃到百分之百新鲜的菠萝馅料的凤梨酥，产品看起来生动形象又有趣，绝对是逢年过节探亲访友的馈赠佳品。这一系列产品的设计外形直接采用了凤梨的样子，意在传达一种“百分之百凤梨制作的凤梨酥，让人们吃得更新鲜”的理念。除了强调了凤梨陷的纯正，这种富有原创性的包装盒轻易地超越了市面上的传统包装，成为一种极具吸引力，非买不可的礼物。

图 1-2-166　TK 食品—凤梨酥

## 十九、圣诞礼物盒

客户委托波利坦斯基设计工作室来为纸质星星形状、象征圣诞节的礼物设计一款原创的包装，作为罗兹制造送给它的客户的礼物。波利坦斯基设计工作室决定将礼物放在一个立方体的盒子里，专注于将它构建成能够仅通过一只手接触一下就能够完成打开盒子和拿到礼物。

图 1-2-167　圣诞礼物盒

# 第三章　让色彩开口说话

色彩与空间、形态、光影以及眼睛分不开，其在视觉上的反应是具象与抽象的结合。由于生活习惯、地域特征、宗教信仰以及审美的社会认同等条件元素间的互动造就了色彩的多元性和及时空性，运用这些互动的条件元素及与其相对的多元和时空，连同色彩在视觉印象方面比形状与文字更易被人快速接收的特点，对产品包装进行着色，可为其创造丰富的视觉语言，增强产品包装的艺术感染力，起到树立品牌形象，促进产品销售的作用。

## 第一节　感受色彩的性格

色彩作为物理存在的视觉现象，其自身不具情感及象征意义，但色彩作用于人眼后引发的生理刺激便会触发其微妙且带有主观性的情感反应，形成特定的色彩情感并产生色彩联想。当联想内容从具象事物上升到抽象感知且具有普遍意义的某种象征（符号化）时，便会惯性地传达情感，这种包含了物理、生理、心理三方面的由具象到抽象的认知及情感转换并使其符号化的过程就是一个伟大的色彩文化系统。通过多层次地了解色彩文化系统，并正确利用色彩的知觉现象与表情特征进行产品包装设计的色彩设计环节，可有效传达商品特有信息，达到促进销售目的。

### 一、色彩的知觉现象

因为色彩具备能够让人产生联想并使其产生某种象征意义的人文特性，所以在不同环境中不同的色彩及色彩组合带给人的感受也各不相同，如冷与暖、轻与重、进与退、膨胀与收缩、兴奋与沉静等。

（一）色彩的冷与暖

冷暖的感知是长期以来人对自然观察得来的视觉经验与生理感受，对于色彩的冷与暖，则是将视觉经验与生理感受这两种潜在的意识与眼前色彩联系在一起而形成的视觉假象。红、橙、黄等波长较长的色相给人温暖的感觉，青、蓝、紫等波长较短的色相给人寒冷的感觉。准确把握色彩的冷感与暖感，在进行季节分明的产品包装色彩设计时有一定的帮助。

（二）色彩的轻与重

与色彩的冷与暖相同，色彩的轻与重也是人类视觉经验与生理感受这两种潜在的意识与眼前色彩联系在一起而形成的视觉假象。决定色彩轻重的主要因素是明度，明度高的色彩轻，明度低的色彩重，除此之外，纯度、色相、视对象的表面肌理与质感都或轻或重地影响到人类对色彩轻重的感知。

（三）色彩的进与退

受色彩明度、面积等差异的影响，色彩在人的视觉成像中会产生前进与后退的印象。明度高、面积大的色彩会给人留下前进的印象，相反的色彩则给人后退的印象。

（四）色彩的膨胀与收缩

相同环境中，由于色彩的差异，即使物理面积相同，也会给人造成大小不同的视觉印象。色相温暖、明度高的色彩会比色相寒冷、明度低的色彩视觉效果膨胀。

（五）色彩的兴奋与沉静

高纯度、高明度的暖色系易让人产生兴奋感，低纯度、低明度的冷色系则易让人沉静。

二、色彩的表情特征

将色彩与生活环境及长期经历等事物联系，通过感性的联想与理性的概括，赋予色彩以表情特征。几乎每一个受色相、明度、纯度影响的色彩都独具自己的表情特征，它的表情随前三者因素的变化及与不同色彩搭配的影响而发生改变。部分色彩的表情特征如下：

红色性格刚烈而外向，易引起人们的注意，也易使人产生视觉疲劳，具有兴奋、紧张、冲动、喜庆、暴力、恐怖等表情特征。与白色调和，其性格变得温柔，趋于含蓄、娇嫩、温馨而浪漫；与黑色调和，其性格变得沉稳，趋于厚重、朴实、饱满而沉稳。

橙色是一种活泼、温暖的色彩。与白色和黑色调和皆会失去其色性，但与黄色调和依然可保持其光辉灿烂的性格。橙色与白色对比时退为从属

地位，与黑色对比时会表现出惊人的光彩，与明度较低的深蓝色对比时产生太阳光似的光辉。常用于食品包装。

黄色是最能高声叫喊的色彩，也是让人感觉愉快的色彩。有与生俱来的扩张与尖锐，性格冷漠、高傲、敏感，同时具有光明、希望、庄严与高贵等表情特征。但也是最为娇气的色彩，只要调和少量的其他颜色就足以改变其色相及色性，具备多方面的表现价值。常用于食品包装。

绿色含有黄和蓝两种成分，这两种成分的表情特征在绿色这里得到调和，它中和了黄色的扩张与蓝色的收缩，抵消了黄色的温暖与蓝色的寒冷，是平和、安稳、宁静、理想、希望、青春、生命的象征，常用于饮料等包装设计。

蓝是一个高度稳定的色彩，淡化后能保持其个性。具有沉静、广远、理智、永恒、博大等表情特征。与大多色彩相比具有远观者的收缩感，为具有较强扩张力的色彩提供深远、平静的空间，是衬托活跃色彩友善而谦虚的朋友。

紫有一种与生俱来的神秘感，大面积使用紫色，会让人感觉恐怖、孤傲和消极。与白色调和会使其原有性格消失，令人心醉、优雅、娇气并充满女性特质。常用于化妆品、服装、床上用品等包装。

黑与白两种对立又具共性。黑色是所有色彩的总和，坚定而肃穆，永恒而沉默，充满恐惧、悲哀、未知和绝望，当明暗对比强烈时，可以创造出积极的图形姿势，是色彩组合中不可缺少的色彩，在包装色彩设计中占有重要的地位；白色色感光明，纯净、快乐，圣洁的不容侵犯，与少量其他任何色彩调和，皆会影响其纯洁度。黑与白两种色彩总是通过彼此的存在形成强烈的视觉效果。

灰是白与黑混合出从亮灰到暗灰的系列化色彩，是平凡、温和、安静、被动的色系，正是由于这种被动及毫无特点的中性特质，把与其有对比关系的色彩推向鲜艳，而灰色也因为邻近色的存在获得性格的重生，具有很强的调和作用。

产品包装的色彩设计与包装设计的整个构思，包含图形、文字、排版等信息元素紧密相关而非孤立存在，也由于产品包装表面空间有限，使得包装的色彩设计需要高度提炼与概括，以色彩的知觉现象和表情特征为依据，进行高度夸张，尽可能在有限的空间强化产品形象，以吸引消费者注意，提高产品竞争力。

## 第二节　通过色彩说想说的话

COLORCOM 的首席执行官兼色彩顾问吉尔·莫顿曾说：“颜色可以是一种通过潜意识作用的说服力量。作为人类视觉机能的组成部分，色彩能够吸引人们的注意力，使眼睛得到放松或者受到刺激，从而有助于一种产品、一项服务甚至一个室内空间的设计走向成功。”由此可见，色彩在产品包装设计中不仅是包装装潢设计重要的视觉元素，还兼具美化包装、识别产品及促进销售等重要功能。

### 一、包装色彩的功能

#### （一）美化功能

色彩以其绚丽、动人的面貌在丰富人类精神世界的同时，也使平淡无奇的商品变得绚丽多姿，产品包装的色彩在实现基本功能的基础上给消费者带来视觉上的享受。

#### （二）识别功能

商品经济的繁荣使自选货架上的商品琳琅满目，同类商品有着不同的品牌、规格，同一品牌下的产品种类又有数十种、数百种甚至数千种。如何区分同类商品的各个品牌并且使该品牌产品在同类商品的竞争中独具特色甚至脱颖而出，不仅需要包装的整体构思及创意表现，还需更多的设计色彩的辅助。如在一个系列或是一个品牌的产品包装上统一采用某种色彩，这种色彩使用的一致性就可让消费者快速的通过包装的色彩识别出想要的商品，特别是现如今的市场营销活动跨越了地域及人种的限制，商家更需要在全球范围内对其品牌商品进行统一，以确保该品牌的形象能始终如一地通过特有的色彩面对不同消费者。如可口可乐的红色与百事可乐的蓝色已经被大众普遍认知，在自选商城的可乐区域通过色彩的识别就可在远处识别其品牌（如图 1-3-1），为消费者节省了宝贵的

图 1-3-1　可口可乐易拉罐设计

时间，加强消费者对其品牌的好感。

此外，根据产品的属性和固有的色彩个性，运用形象的色彩可使消费者通过色彩的联想对内包装物的内容及特征做出准确的判断。如桂林特产糕点（如图 1-3-2），用灰色代表黑芝麻糕，绿色代表绿豆糕，杏色代表杏仁糕，浅绿代表马蹄糕，紫色代表荔浦香芋糕，浅褐色代表桂圆糕；德芙巧克力（如图 1-3-3）以黄褐色代表丝滑牛奶味，浅黄代表奶香白巧克力，紫褐代表榛仁巧克力，红黑代表香浓巧克力；好丽友的好多鱼系列（如图 1-3-4）以黄褐色代表蜂蜜牛奶味，绿色代表鲜香海苔味，红色代表浓香茄汁味，蓝色代表脆香烧烤味等。

图 1-3-2 桂林特产糕点

图 1-3-3 德芙巧克力

图 1-3-4 好多鱼膨化食品

（三）促销功能

成功的包装色彩能够直接刺激消费者的购买欲望。鲜明的色彩容易引起人们的注意，和谐优美的色调更容易被人接受，出奇制胜的包装色彩运用并巧妙地控制人们的购买欲，是产品包装色彩设计的重要目的。

## 二、包装色彩的配色方案

单纯的色彩无所谓好与差，它总是随着周围环境或临近色彩的变化，呈现出或强烈、或和谐、或亢奋、或沉静的视觉印象。将这种视觉印象作用于产品包装，在运用科学的方法安排色彩关系使选定色彩与被包装物的属性及特点吻合的同时，对目标消费者的民族、习惯、爱好、身份等因素进行定位研究，使包装色彩配置符合其地域、喜好及目标群体的审美情趣，并通过感知系统作用于消费者，引导其对所包装产品的进一步了解。

### （一）巧用无彩色系

色彩的差异使彼此产生对比效果，差异越大的色彩对比越强烈，通过无彩色系的加入，可有效调和强烈的对比关系。如白色与灰色可弱化原有色彩对比效果，使画面变得柔和且具高雅格调；而大面积的黑色则强化原有色彩对比关系，让原有色彩变得生硬的同时降低其活泼感，当然适当的使用黑色，可给人大方、庄严、神秘的感觉。这种稳定色彩的效果还需视具体色彩及对比情况而定，不能一概而论（如图 1-3-5）。

图 1-3-5　巧用无彩色系

### （二）注意面积的对比关系

色彩在包装设计中总是占一定面积，通过改变不同色彩的面积达到准确传达信息的效果。面积大小相当的色彩组合对比效果强烈，通过扩大或缩小其中一种色彩所占面积则能够使画面色彩关系变得和谐且赏心悦目。

因面积大的色块具有较远的视觉效果，所以把握好包装设计的主色并使其在面积上保持绝对的优势，对于引导消费者对被包装产品产生正确的印象具有促进作用（如图 1-3-6）。

图 1-3-6 注意面积的对比关系

（三）把握好色彩的三属性

人眼看到的所有的色彩都具备色相、明度、纯度三个基本属性，三者同时存在不可分割，任何一个要素的改变都会引起原色彩其他要素的变化。当色相对比过强时，可改变其明度和纯度来降低对比关系，使画面达到和谐状态（如图 1-3-7）。曼秀雷敦洁面乳（如图 1-3-7）以浅橄榄绿代表迷迭香和金缕梅，黄褐色代表蜡菊和百合花，橘粉代表玫瑰和龙舌兰，这里的浅橄榄绿、黄褐色、橘粉等颜色都从明度、纯度上对原色进行调整处理，使画面效果看起来更加柔和，符合被包装产品温和洁面的特性。

图 1-3-7 把握好色彩的三属性

# 第三节 包装色彩释义

## 一、ExperimentalIceCreamProject 实验性冰淇淋项目

如图 1-3-8，该包装的设计以视觉冲击力为基础，通过四个不同的概念表达出来。OQ 意为“什么”，它突出了产品与消费者之间的对话，如“什么能让你快乐？”Sorven′ up 则与其他品牌相类似，以大笑的动物形象传递了快乐的概念。

图 1-3-8 ExperimentalIceCreamProject 实验性冰淇淋项目

## 二、DEERYO 饮料包装

如图 1-3-9 的这组饮品的包装设计为了突出果汁的明亮色彩，以透明的塑料材质作为包装材料，以一致的瓶身、版式和图形打造形象统一的系列化包装，在标签的空白处表明果汁口味，通过透明的包装材料，不同口味的果汁也呈现色彩各异的效果，整组设计看起来亮丽统一。

图 1-3-9 DEERYO 饮料包装

## 三、Miniatrre 酒瓶

图 1-3-10 的这个酒瓶的标签和瓶盖都采用了与众不同的印刷后期工艺，目的是创造一个鲜明的品牌形象，并让每个设计都能呈现出醒目的外形。标签中心是鲜亮的方形色块，这个颜色被充分应用在文字和采用在金属后期工艺的瓶盖上。色块后面的银色给人一种清凉的感觉，白色的大块字体被嵌在方形色块与银色背景之间，这些元素与磨砂玻璃瓶一起传递了明快、清新的信息。

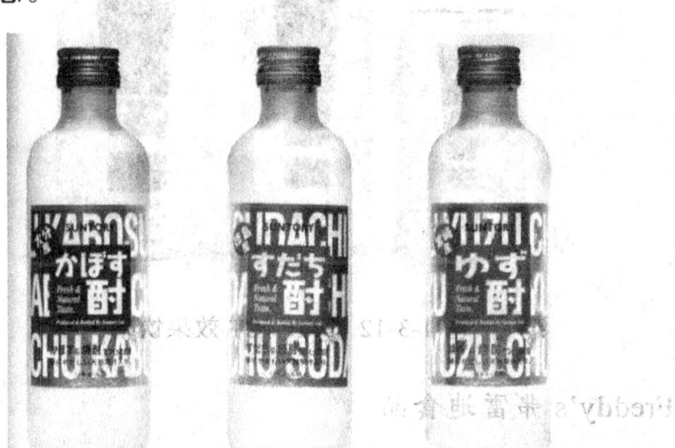


图 1-3-10　Miniatrre 酒瓶

## 四、Lifedrops 生命露珠

如图 1-3-11，该产品的受众是口香糖爱好者、健康产品消费者和浪漫主义者。产品的包装设计以温和的图像体现了岛屿的本质和精髓。旗帜的白色和蓝色代表经典原味，恋爱的粉色代表玫瑰味，振奋的黄色代表柠檬味，温暖的棕色（由可爱的可卡犬代表）则代表肉桂味。

图 1-3-11　Lifedrops 生命露珠

五、IMPACT效果饮料

图1-3-12的产品包装通过色彩、罐装尺寸体现了不同的能量等级，为希望控制能量饮料中兴奋剂用量的消费者提供了新的选择。

图1-3-12　IMPACT效果饮料

六、Freddy's弗雷迪食品

图1-3-13设计的整体概念是将天然健康的特性转化为简洁明快的视觉语言。从一滴水开始，设计师打造了形象的包装标签设计——惊叹号。单色的印刷保证了成本预算，但系列化的包装设计使产品在商场依然呈现出多样性。

图1-3-13　Freddy's弗雷迪食品

## 七、Elation Chocolates 高兴巧克力

图 1-3-14 的 Elation Chocolates 高兴巧克力的灵感来源是巧克力通过味觉给人的心理感受。该包装设计体现了设计师对 20 世纪六七十年代典型的美国药物年代的敬意。

图 1-3-14　Elation Chocolates 高兴巧克力

## 八、Draculi Coffee 德库拉里咖啡

图 1-3-15 是德库拉里咖啡的包装简洁的黑色包装暗示了丰富的口味，以咖啡类型的希腊语首字母作为标志，分为三种类型。丰富的棕色丝绒纹理，新鲜的泡沫和深黑的背景呈现了希腊延续千年的传统，从包装上甚至可以感受到咖啡的香气和美味。

图 1-3-15　Draculi Coffee 德库拉里咖啡

## 九、Sheffa Savory Bars 舍法开胃棒

图 1-3-16 的设计方案利用四种不同的色彩，以小包装打造出巨大的效果。

图 1-3-16　Sheffa Savory Bars 舍法开胃棒

## 十、Marou Wallpaper Handmade 马罗与《墙纸》手工制品包装

图 1-3-17 的 Marou Wallpaper Handmade 马罗与《墙纸》手工制品包装以英国《墙纸》杂志的墙纸设计为基础，融入了《墙纸》的标志性符号，开发制作了一套限量版的 80%可可含量有机巧克力和一套年度手工活动的新包装。

图 1-3-17　Marou Wallpaper Handmade 马罗与《墙纸》手工制品包装

## 十一、巴尔巴·西塔西斯冷冻香草

图 1-3-18 的这款产品的目标受众是中上阶层的女性和希望购买高品质

冷冻食品的消费者。设计结合了绿色香草、白色冰晶图案和理想的银色冷藏背景，将产品的主要价值清晰直接地表现在包装上。通过最简洁的视觉语言向消费者表达产品主题——被自然科学保护着的珍稀香草。消费者只需观察制作精良的包装印刷，就可以了解产品的创新。

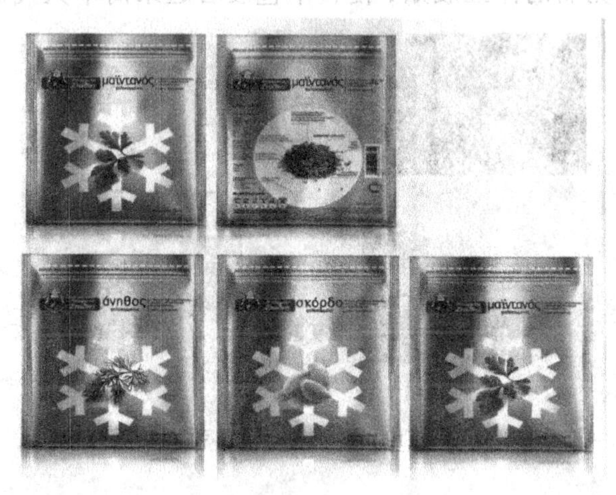


图 1-3-18 巴尔巴，西塔西斯冷冻香草

## 十二、奈克西点

图 1-3-19 的奈克西点的包装以食品照片及产品的成分照片为主要设计元素，与其他品牌区分开来，以白色背景凸显品牌的诚信度，树立纯粹、自然、健康的理念，并通过不同的色彩区分不同的口味，让整个产品系列更富活力。

图 1-3-19 奈克西点

## 十三、Theurel&Thomas 哲柔&托马斯

图 1-3-20 的产品包装设计的客户是法国的一个甜点品牌，设计师采用坚固耐用的瓦楞纸作为包装材料，能够有效地起到保护食品的作用。包装外部搭配使用亮丽的洋红胶贴，使整个包装看起来简单大气而又充满时尚。

图 1-3-20 Theurel & Thomas 哲柔&托马斯

## 十四、Flavoursand Colours 口味与色彩

设计师在盐和胡椒这些熟悉的名字背后发现了一个味道与香气的世界，设计师开发了一套图形语言，利用色彩、图形和精美的文字排版相结合，通过透明的瓶子与不同的产品形成互动，回归了材料的感觉，如图 1-3-21。

图 1-3-21 Flavoursand Colours 口味与色彩

## 十五、化妆品包装设计

图 1-3-22 的化妆品包装设计，运用色块表现唇彩的色彩信息和型号，简单直接，便于消费者选购。

图 1-3-22　化妆品包装设计

## 十六、MBG&SDS 唱片封套

这张唱片有一个双色的标签，被巧妙地印刷成银色和粉色。在外封套上采用模切孔，恰好突出封套内的唱片标签，使外封套的图像发挥重要作用。封套右上角是双色不干胶标签，上面印有专辑的详细信息。这是一个有趣且节省成本的选择。通过使用与唱片标签相同的颜色将整个设计统一了起来。

图 1-3-23　MBG&SDS 唱片封套

## 十七、LoewyCD 包装设计

这个项目是 Loewy 设计公司为自己设计的，严格的预算使 Loewy 将工作中心放在设计上，并采用化繁为简的方式使“删掉的部分和保留的部分同样重要”，在这个案例中，哑光白底突出了粗重的黑色现代字体，荧光橘色旋转盒则让整个设计鲜活起来。

图 1-3-24 LoewyCD 包装设计

# 第四章　认认真真做图形

图形作为一种信息交流的媒介有很强的功能性，首先它是为了传播某种概念、思想或观念而存在，其次它要借助一定的媒介，通过大量复制、广泛传播而达到最终的设计目的。图形是由点、线、面、体等要素构成的，能体现情感与内涵的视觉语言，具有直观、易懂、表现力丰富等特点，它不受语言、文化等条件的限制，能广泛地被识别，是最适合传达信息的“国际通用语言”。包装设计的图形是产品信息最直观的表达，也是市场销售策略的充分表现，它应体现商品主题，塑造商品形象。对于包装中的图形创意而言，丰富的内涵和设计意境对于简洁的图形设计来说显得尤为重要和难得。在现代包装设计中，图形不仅要具有相对完整的视觉语言和思想内涵，还要根据形式美的要求，结合构成、图案、绘画、摄影等相关手法，通过电脑图形图像软件（Photoshop、CorlDRAW 等）的处理使其符号化，在诸多的要素中凸显其独特的作用，使读者从中获得美的享受，并建立现代包装文化的客观存在。包装图形设计是针对被包装产品具体的形态及功能对其包装画面的表现形式进行构思与表现的过程，以达到对被包装产品宣传、促销的目的，是设计人员对客观存在的感知和对自身生活体验的综合表现。

## 第一节　产品包装图形的分类

### 一、被包装产品的自身形象

以摄影或写实性描绘的手法对被包装物进行视觉表达并将其作为包装图形应用在包装上，可以让消费者直观地了解内装物的特征，这是包装图形中运用最多的形象类别（如图 1-4-1）。这种产品自身形象的直接应用的另外一种表现手法是通过与“开窗”结构的结合，通过被包装产品的真实形象与其他视觉元素的结合，在有效传达商品信息的同时，让消费者直接看到产品的形象与品质，使其信任并放心购买产品，如图 1-4-2 所示 DeCecco 德科意大利面源于 1886 年，它以蓝色为标志色彩通过与白色配合，创造了这款干净、清新的包装设计作品，根据内装面食的种类不同，在包装盒上作相应的开窗处理，通过从旧磨盒中获取灵感，将磨盒造型和各种意大利面的开窗造型结合起来，既体现了产品的特色，又保持了品牌的标志性色彩。

图 1-4-1　被包装产品的自身形象

图 1-4-2　运用开窗结构，露出产品实物形象

## 二、被包装产品的原料或原产地形象

果酱、果汁、调味料等产品的包装图形若直接用产品形象不利于消费者的识别，若以其原材料如草莓、香橙、胡椒、八角等形象作为包装图形，便能突出产品特性，让消费者通过包装图形对产品性质进行快速、直接地辨识、了解与选购（如图 1-4-3）。

图 1-4-3 原料形象

对于地域性强且地域特征明显的产品，可以以原产地的形象或具有原产地标志性特征的形象作为包装图形，让产品包装具有浓郁地方特征的同时，向消费者传达产品信息。这种以原产地形象为包装图形的包装常用于地方特色产品或旅游工艺品中。如图 1-4-4 所示的农家放养小土鸡蛋包装，上部以极富乡土气息的放养地形象配合土鸡蛋的形象作为该包装的图形部分，突出产品原生态、高品质的特点。

图 1-4-4 原产地形象

## 三、产品使用者形象

以产品使用者形象为包装图形来传达被包装产品的性能、特质及用途等，可让消费者对其产生亲切感，快速拉近消费者与产品的距离。常用于婴儿产品、动物食品包装及女性用品中，如图 1-4-5 所示的韩后面膜，包装上所用图形为置身于不同场景的女性形象，搭配自然的场景，体现产品天然特性的同时，也对消费者进行明确的区分和定位。

图 1-4-5　产品使用者形象

## 四、装饰形象

通过使用抽象的几何图形或动植物等具象图形组合出的装饰形象作为包装图形，可增强包装设计的形式感，加大商品的感染力，使消费者通过图形产生联想和共鸣。传统图案的运用可以有效传达产品的地域特征和文化内涵，而高度概括、简练的图形则体现包装的现代气息。图 1-4-6 是 Premier 第一果汁的包装，该产品是由新鲜水果榨制而成，富含多种高价值的营养元素，其包装将简洁而突出的水果实物形象以醒目的尺寸放在最醒目的位置，以彰显果汁原料采用新鲜水果和其蕴含的天然营养，体现产品的价值，而背景部分的树枝与树叶以黑白形象退居为辅助的装饰图形，能有效突出主体形象。

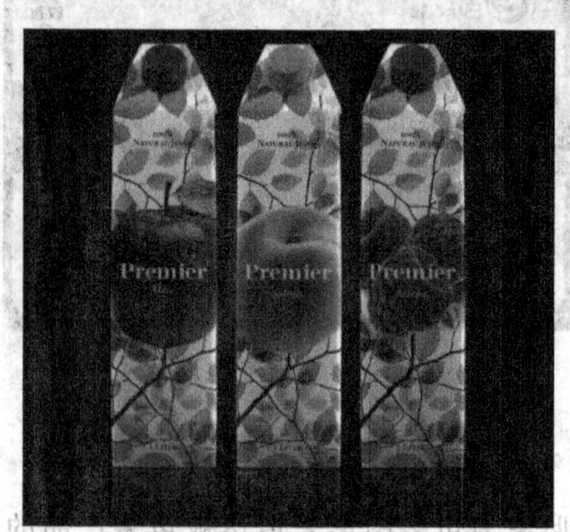


图 1-4-6　装饰形象

## 第二节 图形设计的表现形式

图形符号所传达的信息与用户对产品体验之间的差距和消费者对品牌的忠诚度成反比。无论是具象图形还是抽象图形，在其视觉表达的设计与处理上必须要忠实于产品本身，但矛盾的是图形符号与产品实物越接近，越容易与同类产品的包装图形雷同，如何在图形符号的设计上将本产品与同类产品进行明显区分，使包装具有鲜明的个性，又不与产品特征相脱节，这是一项需要认真对待的微妙而艰难的工作。现代包装图形设计的视觉表达形式可分为抽象图形、插画、摄影图片等。

### 一、抽象图形

抽象图形是对本质因素的抽取和对事物非本质因素的舍弃，可以是任何形式的象征性的表达，它是符号化的视觉语言，具有强烈的点、线、面的个性与视觉形象，它以规则或不规则的几何形或自然形构成，具有独特的节奏和韵律，因受抽象画派的影响，具有广阔的表现空间和强烈的视觉美感。抽象图形与具象图形是图形语言的两个极端，如果说具象图形是对客观事物的“形象”描摹，那抽象图形就是对客观存在或主观意识的“意象”概括。抽象图形以画面的图形符号和色彩关系传达视觉情感特征，使消费者通过自己的视觉经验以及想象去理解和体会其内涵。一些难以或不适合用具象图形表现的如药品、化妆品或化妆品等产品包装设计，运用抽象图形往往会取得较好的效果，如图 1-4-7、1-4-8 是 Natural Snacks 天然零食的包装，该包装设计以点、线、面等元素相互组合出不同的抽象图形，通过与不同色彩相搭配，使包装显现特殊的诱人效果。

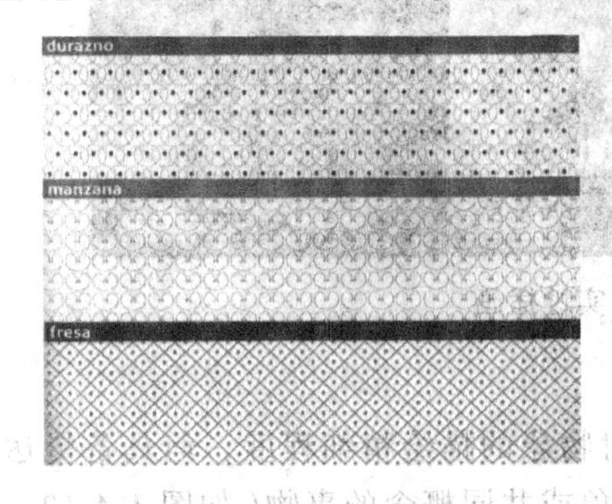


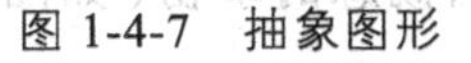
图 1-4-7 抽象图形

图 1-4-8 抽象图形在包装中的运用

## 二、插画

插画是介于抽象图形和摄影图片之间的艺术创作形式，比摄影艺术具有更大的艺术想象力与情感创造力。传统意义上讲，插画是安插于文章中，把文字不易表达的内容视觉化，使文字意念变得明确清晰，以辅助文章叙述。今天的插画作为一种重要的视觉传达形式，以直观、真实且富感染力的特质被广泛应用于现代艺术设计的多个领域，在拓宽人们视野、丰富人们头脑，带给人们无限想象空间的同时，也让人类的心智随其观念艺术做到了从具象，到意象，到抽象，再到观念的提升。包装设计中的插画是具有商业意味的视觉艺术，它将产品信息简洁、明确、清晰地传达给消费者，引起他们的兴趣，并努力使其信服并接受所传达信息的内容，继而促成购买行为。按照产品包装图形设计中的插画，按其造型特点分为写实性插画、象征性插画、夸张性插画、幻想性插画、抽象性插画和装饰性插画。

### （一）写实性插画

写实性插画为真实、准确地传达被包装产品的信息，插画需根据表现要求对表现对象进行加工取舍，并以写实手法进行描绘，使其比客观实物更单纯、更完美（如图 1-4-9）。

图 1-4-9　写实性插画

### （二）象征性插画

象征性插画虽未达到写实性插画对物象的描绘精细程度，但具备传达事物的基本功能，一般表现具有共同印象或共同概念的事物（如图 1-4-10）。

图 1-4-10　象征性插画

（三）夸张性插画

在包装设计中，把正常的事物或形态以夸张手法进行强调或渲染，使其具有讽刺、幽默、惊讶、意味的效果，以增加包装画面的趣味性，达到产品诉求的目的，图 1-4-11 是 Queens Comfort 女王美食，这家位于美国阿斯托里亚的女王美食餐厅将他们的培根、焦糖、红辣椒酱、草莓柠檬水、蜂蜜及脱脂奶酪等包装起来对外销售，其包装以平面化的夸张且简洁的插图形象，反映餐厅想要通过美食和氛围所展现的古怪而温馨的个性。

图 1-4-11　夸张性插画

（四）幻想性插画

一些在生活中看不到或是客观现实根本不存在的事物，很难对其进行具体的写实性描绘，只能凭借想象力将这种看不到或不存在的事物或场景创造出来，并使其具有幻想的意境，图 1-4-12 是 Lay's Chips Package Redesign 乐事薯片包装的重新设计，该包装以幻想中的可爱卡通形象插画与手写的品牌名称，搭配大地色系与牛皮纸，具有极高的辨识度。

图 1-4-12　幻想性插画

（五）抽象性插画

以插画的形式将抽象的思想或观念表现出来，让人通过视觉感受了解这些观念和思想。如在包装图形设计上以抽象的点形、线形或面形进行具有一定规律或韵律的排列变化，使整体包装呈现出特有的情感气质，让人产生美好的憧憬与联想。图 1-4-13 是 ROOTS 罗茨烈酒的包装设计，该品牌的烈酒全部采用天然成分酿造，具有独特的药用价值和工艺。品牌设计包含一个富有表现力并且多变的标识。根据酒的主要成分呈现为不同的形状：六边形代表含有蜂蜜的“拉科迷洛”，是蜂巢轮廓的抽象图形；十字代表“药草精神”，富有宗教内涵；圆形代表肉桂利口酒“特恩图拉”，象征着肉桂棒；菱形代表“马斯蒂哈”，以希腊希俄斯岛上的乳香黄连木的树脂为基础。设计让每种产品都拥有独特的艺术感，同时又不会影响品牌的整体效果。

图 1-4-13　抽象性插画

（六）装饰性插画

除以上几类插图形式外，在包装设计中根据被包装物的特性和档次选用合适的传统纹样，并根据表现要求对其进行加工创作，为产品包装设计创造独特新颖的视觉感受，也是运用较为广泛的插图形式。因受各地各民族文化和社会习俗的影响，以及各民族各地区之间的相互影响、相互借鉴，装饰性插图在其发展和演变过程中逐渐形成了内容丰富且具有浓郁地方及民族特色的插画图形，图 1-4-14 是由卡特琳·奥斯特古伦设计的全新复古造型的玫瑰果茶包装，轻易地就从众多的茶叶包装中脱颖而出，抓住顾客的眼球。独特的开启方式，也使得这款包装更加的出色，从而区别于其他同类品牌。

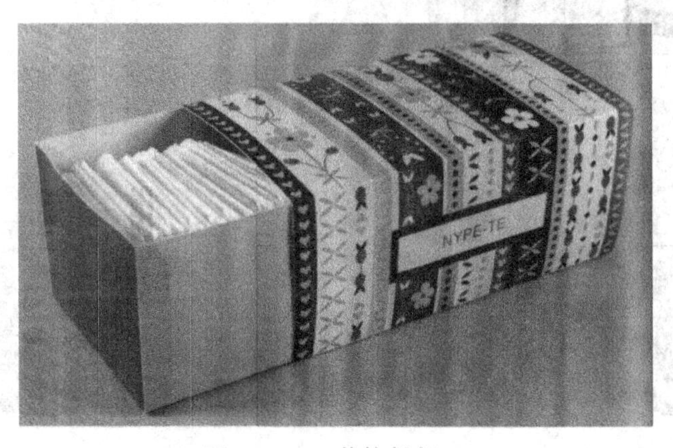


图 1-4-14　装饰性插画

## 三、摄影图片

摄影图片通过物体的反射光使感光介质曝光的结果，是把日常中稍纵即逝的平凡转化为永恒的视觉艺术，它是在二维平面内对三维客观事物的真实再现。在包装设计中，可如实反映被包装产品的造型、颜色、材质、结构等内容，诱发消费者的联想，影响消费者心理。另外，通过角度转变和光线变化营造不同的情趣及光色氛围，可有效激发消费者的购买欲。由于在写实与直接表现方面比插画更具有时间优势，因而被广泛地应用在各类产品的包装设计中。图 1-4-15、1-4-16 是专为圣诞节设计的一款包装设计作品，圣诞节正是这些诞生在畜棚和马圈里的动物们庆祝的时节，就像是新西兰的夏天，烤肉和圣诞节一起到来，对于这份礼物的受礼者来说，鸭子、小猪和兔子代表了圣诞节的问候。在设计方案的解决过程中，最重要的步骤是拆包装的过程，每个瓶子都与一只可爱又美味的动物搭配，并附有如何来烹饪这种动物的食谱：嘎嘎嘎-明火炭烧鸭搭配新鲜的夏日沙拉，呼噜噜-顶级猪排搭配芦笋和辣土豆，蹦蹦蹦-烟熏兔肉搭配烤蔬菜，这种通过对摄像图片做黑白处理并与瓶身有机融合的设计方式，让产品看起来憨态可掬，令消费者爱不释手。

图 1-4-15　运用摄影图片的包装设计作品 1

图 1-4-16 运用摄影图片的包装设计作品 2

产品包装设计的图形设计是商品特征、功能、价值的直接展示，它用图形这一视觉元素建立起包装与商品的关系，并使其相互渗透、相互融合成为一个完整的形象。设计人员所选的图形与自己想要表达的创意点是否对应，逻辑关系是否合理，直接决定了包装图形对信息传达的准确与否。无论是具体图像，还是抽象符号，每一种图形都以文化传播者的角色，用自身的演变历程向世人传递着人类社会发展史。在包装图形设计中，准确把握图形的形象化因素所传递的文化性，并将其直接输入到人们的思维里，可为包装设计增加应有的文化性。由于包装设计的特点及人们认识上的差异，会给不同消费者对相同包装图形带来理解的差异，所以对图形语义的准确把握也就显得非常重要。总之，包装图形设计在传达给消费者意境美的同时，还需准确传达图形的信息要点、体现图形独特的视觉个性，除此之外，使包装图形具有健康的审美情趣并赋予其相应的文化内涵，也是包装设计师在做包装图形设计时所要把握的要点及关键所在。

## 第四节 包装图形释义

### 一、Kefalonia Fisheries Organic Sen Bream 凯法劳尼亚渔场有机海鲷

凯法劳尼亚渔场的主要产品是干净新鲜、可即时烹饪的凯法劳尼亚黑鲈和海鲷。产品的目标受众是广大的折中主义消费者。图 1-4-17 的标识带提前预告了鲜鱼的烹饪效果：鱼被刨开平放，旁边也已配好香料和果汁，缠绕在透明包装盒的中间部位，让鲜鱼的形象更加突出。

图 1-4-17 Kefalonia Fisheries Organic Sen Bream 凯法劳尼亚渔场有机海鲷

## 二、The Olive Oil Experience-Limited Ed 橄榄油体验限量版

TGTL 是一家食物猎头公司，致力于向人们呈现世界上顶级的美味产品，图 1-4-18 所示的该橄榄油之旅礼盒限量发售 1000 套，是一份特别为喜爱艺术、设计、文化和美食的人士所准备的礼物，也是馈赠喜爱艺术、设计、文化和美食的人们的极佳礼品。手工包装盒内包含三罐来自葡萄牙、西班牙和意大利的特级初榨橄榄油，该包装上的三幅插画也分别来自不同国家的年轻艺术家之手，通过插画展示了相应的国家特色及他们对自己国家的热爱。

图 1-4-18 The Olive Oil Experience-Limited Ed 橄榄油体验限量版

三、Apinya Thai Food Co. Branding 阿品亚泰国食品

该包装设计是在对泰国文化元素和原有的泰国食品包装进行了广泛的调研之后，所进行的整体形象设计。其标签图案为定制插图，章鱼图案独特且吸引眼球，章鱼须上展示了产品的主要成分，若仔细观察，还可发现章鱼的嘴里全是辣酱，透明标签衬托了图案，又让辣酱的靓丽色彩成为设计的一部分。最大限度地反映了泰式美学，又保持了视觉均衡感。

图 1-4-19　Apinya Thai FoodCo.Branding 阿品亚泰国食品

四、Smilies 笑脸表情是一系列零食产品

图 1-4-20 的 Smilies 笑脸表情是一系列零食产品，它以年轻群体作为目标受众，设计出许多不同的卡通人物作为视觉传达的一部分，以独特的外观和个性分别代表着不同的零食，为客户创造了品牌吉祥物，所有产品的包装都呈现笑脸表情，打造整体视觉形象。

图 1-4-20　Smilies 笑脸表情是一系列零食产品

## 五、Nossas 我们的腰果

图 1-4-21 的该套包装设计为产品制作了一个小故事，作为宣传口号："松鼠爱吃坚果，是因为它还没有品尝过我们的腰果"。通过将手绘的松鼠形象和手写字体有趣地结合起来，并以"我们的"作为品牌名称，使该产品在巴西销售，与包装一起设计的还有标识、信笺、CD 和宣传手册等。

图 1-4-21　Nossas 我们的腰果

## 六、Yoosli优斯里什锦麦片

图1-4-21的包装设计从圆形标识到活泼的色彩搭配，都始终将个性放在首位。五个各具特色的人物形象对应不同的麦片，搭配扁平式谷物盒和一套独特的“五日早餐盒”，使包装兼具美观和“美味”的特性，很快获得了消费者的青睐。

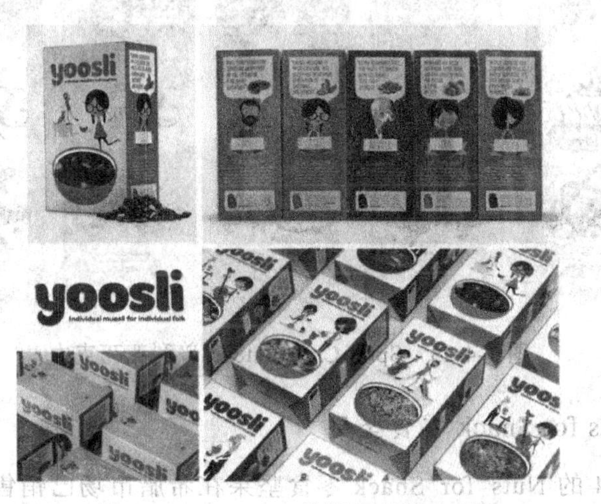


图1-4-21 Yoosli优斯里什锦麦片

## 七、Coastal Catch沿海捕捞

图1-4-22的旺斯品牌的沿海捕捞系列产品十分关注食用海鲜的营养价值和可持续特征。该设计既捕捉到了海洋渔业的活力和精髓所在，又充分揭示出海鲜是什么，来自哪，以及能满足什么需求等，以简洁的图形设计和文字信息，让消费者对所需购买、食用的海鲜作出全面而明智的决定。

图1-4-22 Coastal Catch沿海捕捞

## 八、Spria Chocolate 斯普利亚巧克力

图 1-4-23 的 Spria Chocolate 斯普利亚巧克力，以写实的植物花卉图案，配合花式字体与大地色，体现古老的巧克力制作传统，令消费者回想起家庭自制食品。

图 1-4-23　Spria Chocolate 斯普利亚巧克力

## 九、Nuts for Snack 零食坚果

图 1-4-24 的 Nuts for Snack 零食坚果在希腊市场已销售多年，这款包装设计为其打造了全新的形象。坚果不仅美味，还拥有极高的营养价值，设计师决定选择休闲、友好而又不失精致的外观设计。这款包装设计的重点在其插画，这些可爱而怪异的卡通坚果形象，分别代表着不同的产品口味，以全球通用的语言说明了产品特性。

图 1-4-24　Nuts for Snack 零食坚果

## 十、Filip Cat Food Brand 菲利普猫粮

图 1-4-25 的菲利普是一个假想的猫粮品牌，以简洁明了的标识图案来区分不同口味的猫粮，与不同的动物形象相组合，传递活泼可爱的品牌形象。

图 1-4-25 Filip Cat Food Brand 菲利普猫粮

## 十一、Teatul 茶图尔

如图 1-4-26，该品牌的目标消费者为城市居民，该包装以树叶的脉络为主要图形，呈现给在喧嚣和高速城市生活且渴望享受大自然悠然生活状态的人们一幅自然画卷，以色彩区分茶品种类，使消费者能简单清晰地选购自己需要的口味。

图 1-4-26 Teatul 茶图尔

## 十二、Queensley Tea 昆士利茶

图 1-4-27 的 Queensley Tea 昆士利茶是一个顶级茶品牌，专为追求精致和独特的人群量身打造，该包装设计成功地创造了鲜明的视觉形象和令人难忘的图案。

图 1-4-27　Queensley Tea 昆士利茶

## 十三、Staries of Greek Origins 希腊起源故事

图 1-4-28 的项目是为一个顶级希腊食品家族打造的品牌和包装设计。品牌形象从传统民间艺术中获取灵感，用不超过三种颜色，通过色彩叠加，搭配重复的元素形成插图图案，展示了希腊乡村的传统农耕活动，增添了复古感。

图 1-4-28　Staries of Greek Origins 希腊起源故事

## 十四、100Calistoga 面包餐厅袋子与标签

图 1-4-29 的设计选择红色、黄色和棕色三个具有很高的深度和密度的基本色系，可有效突出上面印刷的细小图形，同时又辅以深蓝色的装饰，对产品进行分类。这三个基本色系的组合应用既经济实用又体现了产品的视觉特点。

图 1-4-29 100 Calistoga 面包餐厅袋子与标签

## 十五、Jammy 儿童果酱

图 1-4-30 展示的是一款专为儿童设计的挤压式果酱包装，带有易于打开的盖子，天然的本土材料被利用在环保包装里。有趣的水果人深受儿童及家长的欢迎，便携式包装也为人们带来便利。

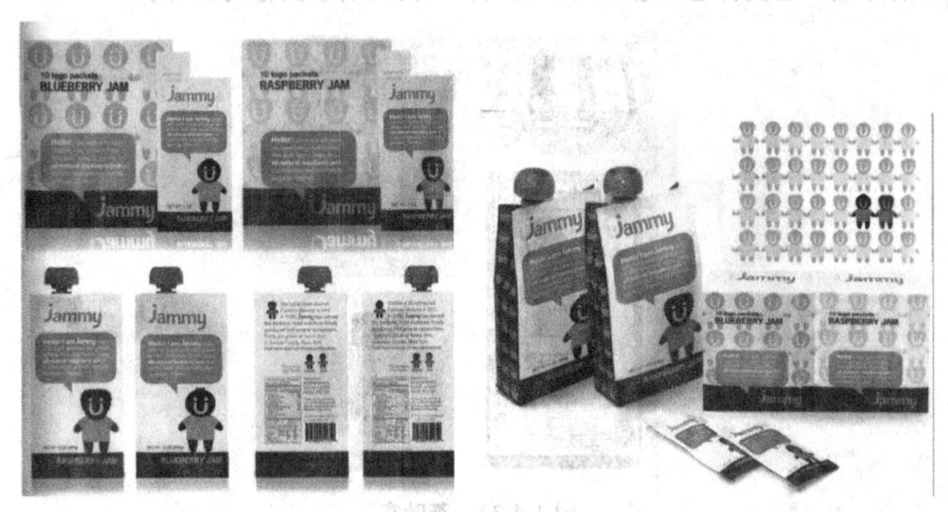


图 1-4-30 Jammy 儿童果酱

## 十六、Proper Baked Beans 普罗珀焗油豆

图 1-4-31 包装以奇特而充满英伦气息的插画图形，充分体现焗油豆产品作为顶级餐饮美食的价值，以及从冷柜中新鲜上市的品牌个性。

图 1-4-31　Proper Baked Beans 普罗珀焗油豆

## 十七、茶叶盒

图 1-4-32，由卡特琳·奥斯特古伦设计的全新复古造型的玫瑰果茶包装，轻易地就从众多的茶叶包装中脱颖而出，抓住了顾客的眼球。独特的开启方式，也使得这款包装更加出色，从而区别于其他的品牌。

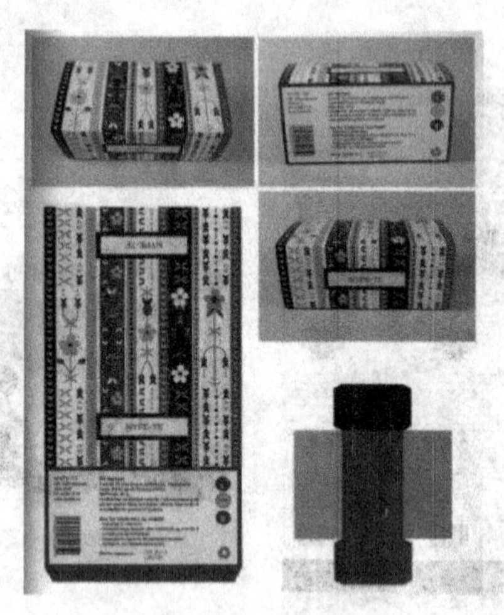

图 1-4-32　茶叶盒

## 十八、酒包装设计

图 1-4-33 是一组为限量版葡萄酒所做的包装设计作品，设计的主题围绕鱼儿、小鸟和缪斯等展开，抽象的画面效果使这一系列包装显得非常独特。

图 1-4-33　酒包装设计

## 十九、太阳蜜蜂农场牌蜂蜜

图 1-4-34 的标识选择了充满活力的树叶和蜂巢图案，标签以方格图案体现该蜂蜜制造商对小型家庭农场和可持续生产的关注。因蜜蜂是唯一的集体建巢的蜂类，因此其包装瓶贴大胆地引用黑白图案作为蜜蜂蜂群的象征。

图 1-4-34　太阳蜜蜂农场牌蜂蜜

## 二十、Trophy 战利品

图 1-4-35 的该包装设计的概念源于狩猎的战利品，设计共有四种标签，上面分别是四种动物形象，外部的包装盒采取森林的树木造型，并通过条形码中的弹孔、瓶底的靶心和盒子里的“来复枪”开瓶器点燃消费者向往荒野，追捕猎物的冲动。

图 1-4-35 Trophy 战利品

## 二十一、GreenTea 绿茶

图 1-4-36 包装中叶子的造型与主色调绿色呼应了品牌名称，背景通过不同的茶山场景相互区分，叶子根本的色块体现了不同的能量等级，为希望控制能量饮料中兴奋剂用量的消费者提供了新的选择。

图 1-4-36 GreenTea 绿茶

## 二十二、一个婚礼的四个愿望

从 9 月 17 日安德烈亚斯与索菲亚步入婚姻殿堂开始集智慧、忠诚、爱情与希望的主题为一体。婚礼的策划理念源自这一天的特殊性——这一天所承载的四个名称将为这对新人的美好婚礼送去四个祝福。在希腊，日期的名称非常重要，其重要性类似于生日。因此，设计师专门设计了四个版本的邀请函和四个造型不同的插画，并使之代表四个祝福，如图 1-4-37。除此之外，包有糖衣杏仁喜糖（希腊婚礼上的传统甜食）的一个小型包装袋还将免费发放给到场的嘉宾作为礼物。

图 1-4-37 一个婚礼的四个愿望

## 二十三、几何图形 Awareness Packaging 认知包装

图 1-4-38 的包装产品的名字又是制造商的宣传口号，如“无胆固醇”

“小麦粉”“能量棒”“每单位仅有 19 卡路里”和“天然材料”等，包装图形由双色圆点组成的信息图形形象地展示了制造商试图“隐藏”各种产品的营养成分的真相。

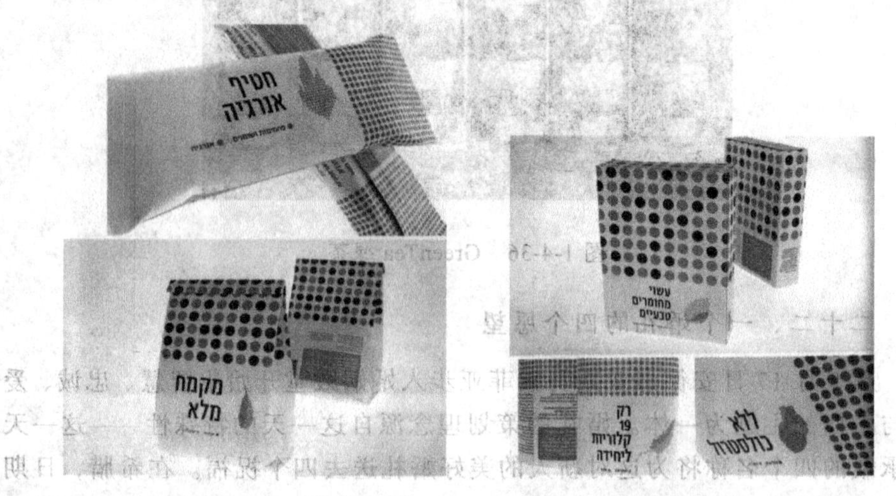

图 1-4-38　几何图形 Awareness Packaging 认知包装

## 二十四、Agrovim Premium Olive Oil（pdo）阿格洛维姆顶级橄榄油

Agrovim Premium Olive Oil（pdo）阿格洛维姆顶级橄榄油的受众是国际高端消费者，橄榄油的包装设计力求抛开传统容器造型及橄榄油品质和产地等常见标签，以具有唯美主义精神的美食家为目标，选择兼具实用和烹饪特色的金属罐。上面极为逼真的油滴就像刚从油罐中倒出一样。

图 1-4-39　Agrovim Premium Olive Oil（pdo）阿格洛维姆顶级橄榄油

## 二十五、肯纳游戏梦想盒

图 1-4-40 的肯纳游戏梦想盒内放置的饼干及凤梨酥是肯纳园里孩子们培养生活技能的最佳证明。设计成斜梯形的盒子象征乐园的平台，盒盖由各式可爱图案拼成一个大大的心形。运用简单线条的插画方式，搭配丰富多彩的颜色，以各式动物及孩童人形来呈现自然生活、开心自立的情境，表达出在这个园地里充满爱和希望的主题。各式有肯纳标志的孩童图形，象征在肯纳园地里愉快地踏出生活自立的第一步。此外，这个盒子并不单单只是一个包装盒，设计师在盒里设计了别出心裁的游戏，可以边享用饼干甜点边玩游戏，不仅能实现包装盒的再利用，更能让受礼者借助这特别设计的游戏来认识肯纳症患者。

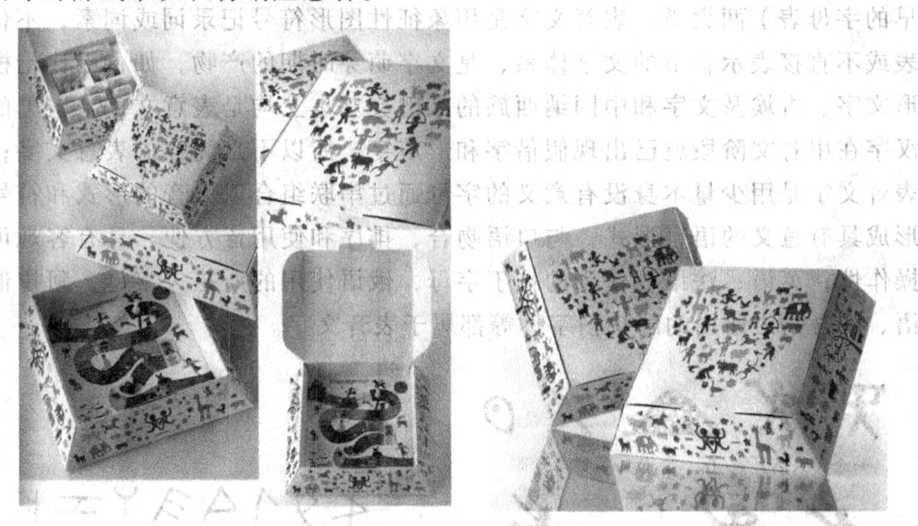

图 1-4-40　肯纳游戏梦想盒

# 第五章　文字的作用不可小觑

文字的起源和雏形是人类祖先为记录事件或交流思想从图形演变而来的视觉符号，一直发展到今天，各种不同历史背景和文化传承的人们所使用的文字也具有各自的形态，这些具有各自基本形态的文字概括起来可分为表意文字（如图 1-5-1，这些象形文字组合起来讲述了一个猎人打猎的故事）和表音文字（如图 1-5-2 所示为公元前 1500 年的腓尼基字母，这是最早的字母表）两大类。表意文字是用象征性图形符号记录词或词素，不代表或不直接表示音节的文字体系，是文字萌芽时期的产物，如古巴比伦楔形文字、古埃及文字和中国纳西族的东巴文基本上均是表意文字，中国的汉字在甲骨文阶段就已出现假借字和形声字，所以不是纯粹的表意文字；表音文字是用少量本身没有意义的字母通过串联组合以语音的形式和符号形成具有意义的语言形式，与口语吻合，排序和使用皆方便，具有客观可操作性，英语、法语等使用的拉丁字母，俄语使用的斯拉夫字母，阿拉伯语、维吾尔语使用的阿拉伯字母等都属于表音文字。

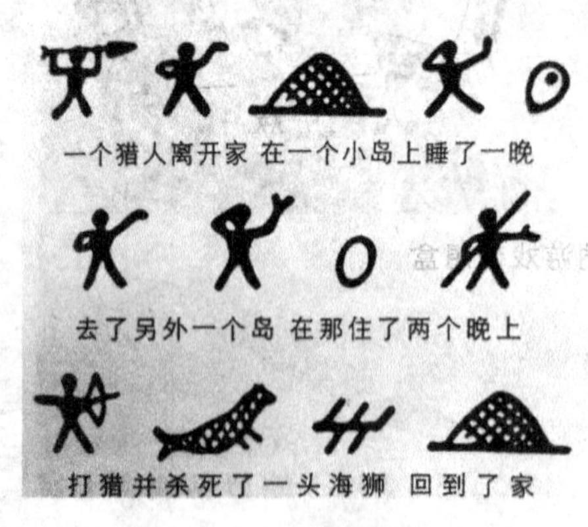


图 1-5-1 表意文字

图 1-5-2 表音文字

文字作为记录语言和传达语意的符号，是产品包装设计的基本信息内容，具有内容识别和形态识别的双重功能。一方面，消费者通过产品包装上的文字清楚、准确地了解产品的许多信息，如商品名称、标志名称、容量、批号、使用说明、生产日期等；另一方面，经过设计的文字，作为符

号化的图形给人留下深刻的印象，在短时间内使消费者对其产生兴趣和信任，最终促成消费行为。所以如果一定要比较图形和文字哪一个在包装设计中更重要，答案已经明了，包装中可以没有图形，但一定不能没有文字。图 1-5-3，Rufa 是路法啤酒的包装，由于西班牙炒饭、菜单和冰啤酒是西班牙餐厅黑板上的主要文字，此包装的标签设计以丰富而个性的字体形成一种独特的装饰，重现了西班牙斯塔布拉瓦海滨酒吧的书写风格。

图 1-5-3　纯文字包装

## 第一节　包装文字的类型

根据文字在产品包装中的性质、特点和功能的不同，可将包装中的文字分为基本文字、资料文字、说明文字和广告文字四个部分。

### 一、基本文字

基本文字包括品牌名称、产品名称和出产者名称等，是传递产品信息最直接的元素，一般安排在包装的主要展示面，并通过醒目的文字向消费者传递产品基本信息。其中品牌名称要做规范化处理，以树立品牌形象；

产品名称可加以变化，起到美化装饰效果；而出产者名称有时根据设计要求被安排在包装侧面或背面也是允许的。

## 二、资料说明文字

资料文字是对产品成分、容量、规格、型号、批号、功能效用、使用范围、使用方法、保质期、生产日期、联想方式等信息所作的详细表述，让消费者进一步了解产品信息，加强消费者对产品的信任感。文字内容需简明扼要，其字体常采用可读性强的正规印刷字体，位置编排灵活，多安排在包装侧边或背面，其中容量和规格也可安排在主要展示面的次要位置。对于出口产品的包装设计，其资料说明文字应符合出口国或出口地区的规范要求。

## 三、广告文字

广告文字是为加强销售力度，宣传产品特点的附加信息，是为被包装产品定制的推销性文字。内容应翔实、简洁、生动，并遵守行业法规，切忌啰唆与欺骗。其字体选择和编排位置灵活多变，一般被安排在主要展示面，但其视觉表现力不能超过品牌形象文字。需要注意的是广告文字并非包装上的必要文字，是否出现、是否省却，还需视产品实际情况和包装整体设计方案而定。

# 第二节　包装文字的设计要点

不同时期的文字有不同书写方式，不同书写方式阐述不同文化背景，传达不同文化信息。文字的历史演变过程记录了文化的发展，利用文字传达产品的文化性是许多包装设计人员的必选方式，而消费者接触包装伊始，首先关注文字本身的意义，进而感受其他造型因素，因此了解包装文字的设计原则与造型规律，对于被包装产品信息的有效传达具有指导意义。

## 一、设计原则

### （一）文字的适合性

传递被包装产品信息是包装文字设计最基本的功能。文字设计要服从产品包装需求，所表述的内容应与产品吻合，勿脱离，更勿冲突，否则就破坏了文字的诉求。根据字体特征和使用类型，包装文字的设计可以分为秀丽、稳重、活泼和苍劲四种风格：秀丽的字体清新优美，线条流畅，给人华丽柔美的感觉，适用于化妆品、饰品等女性用品包装；稳重的字体造型规整，富有力度，给人爽朗简洁之感，有较强视觉冲击力，适用于男性用品或机械、科技等产品包装；活泼的字体造型生动有趣，有明确的韵律节奏，给人生机盎然的印象，适用于时尚产品或儿童用品等；苍劲的字体古朴无华，饱含古韵，适用于民间工艺品及传统产品的包装设计。

（二）文字的可识别性

产品包装设计中的文字的主要功能是向消费者传达被包装产品的信息，所以包装文字必须给人清晰的视觉印象，设计时需避免不必要的装饰变化，其字形和结构也应清晰明确，不能一味追求视觉效果，随意变动字形结构、增减笔画，让人难以辨认，失去文字的可识别性，同时，在整行整幅的文字中，字距、行距和四周的空白也需妥当安排，让视觉流程明确可循，方便阅读的同时具备整体美感，否则多么富有美感的字形也是失败的文字设计。

（三）文字的视觉美感

在产品包装的视觉传达中，文字作为画面的视觉要素之一，应具视觉美感，给人以美的享受。文字的美是对笔形、结构及整体形象的把握。在线条搭配和结构安排上，怎样协调笔画之间、文字之间的关系，运用对称、均衡、对比和韵律等美学原理，创造富有感染力和表现力的文字形式，并将内容准确地传达给消费者，是包装文字设计的重要课题。包装中的字体设计不仅要求单字美观醒目，整行整幅的文字也需整齐统一，好的字体设计让人过目不忘，既成功传递产品信息，又给人美的视觉享受，而丑陋零乱的字形设计难以给观者带来视觉美感，更难使消费者在心理上对其产生好感。

（四）文字的个性表现

根据包装设计主题要求，突出文字的个性，创造独具特色的字体设计，给人独特且良好的视觉感受，将有益于产品及品牌良好形象的建立。在对包装字体进行设计时，需结合被包装产品属性及目标消费群体特征，从字的形态特征与组合编排上进行反复琢磨和修改，以创造独具个性的包装文字设计，使其从字体形态到设计格调都能唤起观者的审美愉悦。

包装的字体设计用文字的形式确切、生动地体现被包装产品的特性及精神含义，在继承优秀传统的基础上，与社会精神和设计者的思想个性连接，其适合性、可识别性、视觉美感和个性表现四者之间相互联系、相辅相成。

## 二、创意方法

### （一）塑造笔形

笔形是构成文字笔画的基本形象，是字体的可变元素，在笔形的塑造中要敢于想象、富于创造、善于总结，笔形的风格与基调影响着所构成字体的风格，若要创造出一种新型的字体，塑造笔形是关键。

### （二）变换结构

字体的个性特色取决于字体的结构，结构是字体构成的法则，变换结构是字体创意表现的主要手法，依照字体现有结构规律，通过创意性的变化和转换创造出新的字体结构，变换字体结构可以从敢于打破、善于发现、多重结构、统一表现四个方面进行尝试探索。

### （三）重组笔形

字体的笔形有非常丰富的构成，并以鲜明的形象风格展现种种活力。汉字中的宋体、黑体、隶书、魏碑、楷书、琥珀等字体和拉丁字体中的古罗马体、现代罗马体、现代自由体、卡罗林小写体等字体的种种笔形，都充分表露着笔形不同的个性特征。在这些现存字体的笔形中，任意在两种字体中拉上一根直线，以这两种笔形为基调，经过重组的过程，就能形成另一种笔形风格的字体。依照此原理为基点，去审视各种字体的笔形，将会繁衍出更多笔形风格的字体。

### （四）变换笔形

字体的笔形在某一规定的字体规矩中是不能随意改变的，如宋体是以一套宋体的笔形构成，黑体是以一套黑体的笔形构成，但对于创意性字体，就可根据不同创意点进行变换，通过突变、无理旋转、叠加、过度变换、互衬等方法进行变换处理，创造别具一格的新型字形。

### （五）结构中的形象叠加

字体自创始以来都是通过形象的符号展现各种形象意义，在人们长期的记忆与识别中，字体的稍微变化就能让人们在视觉上产生很大差别，因此运用形象改变原有的结构风格来突破字体构成的本质特征，以抽象的几何线改变结构的局部笔画，以喻义形象转借某一旁笔画，以个性化形象衬叠某一笔画，以某形象与某一笔画构成互依性形象，通过形象衬叠、互依形象的转借、形象转借等不同手法塑造新的字体结构风格。

（六）变化黑白区关系

黑白区是体现字体创意的重要因素，也是检验字体表现的重要因素。由字体笔画构成的实体为黑区，与笔画相依的虚体部分为白区，黑白区的分界以实体笔画与虚体非笔画间的交界为界线。将此分界线稍作移动，就会形成风格迥异的字体创意风格。如改变黑区字体笔形粗细程度，来扩大或缩小白区的面积，就会给字体带来全新的感觉和新颖的个性。

（七）突破字体的外形

字体经长期演变，逐渐形成规范化的或方、或圆、或三角的外形，但在字体设计中，千篇一律的字体外形难免显得呆板，突破呆板的字体外形已然成为字体创意的方式之一。无论是汉字还是拉丁字体，在遵循字体总规范的基础上，选择其中一到两个笔画通过向外延伸、相连、收缩，或与其他笔画相依等方式来突破外形的界定，有意识地跳出原有的框架限定，从灵活多变的角度改变字体整体形象的走势，使字体整体风格展现出不同的内在活力和视觉冲击力。

（八）结构的再设计

字体在长期发展中形成种种规范化的个性特征，它们以程式化的偏旁、部首、笔画的编排构成字体的定性构成规律。鉴于社会各因素的影响，人们的视觉审美需要多种视觉传媒形式的个性化存在，字体也应顺应时代的要求，在结构的构成法则上有所创建。结构的再设计是在传统字体结构基础上，打破原有字体结构规范，根据视觉形象审美观，将某些偏旁部首突破原有结构的构成规律，创造出新型的字体结构形式。

在产品包装中，文字的阅读是在对该包装感兴趣之后才有可能开始的，是在对色彩、图形的阅读完成之后才可能进行的。所以，文字的选择、设计、排版等方面，需要顾及色彩和图形这两个元素所确立的风格特征。虽然文字在视觉顺序上排列靠后，但文字阅读的开始，也就是消费者决定购买与否的开始。此刻，文字内容的易读性、精炼性、准确性和全面性就显得至关重要了，具体表现在：一方面要做到将用于解释产品品牌、使用方式、质量等级等有关产品信息的所有内容正确表达；另一方面要注重文字排列的条理性，将不同的信息有区别地传递出来，让阅读有趣，使重点突出。文字的字体种类较多，不同的字体、字号、字距、行距、对齐形式等都会直接影响版面的易读性和效果。

## 第三节 包装文字释义

### 一、2012 年的 20 个愿望

图 1-5-4 和图 1-5-5 这一系列设计包括包裹在葡萄酒瓶外的 20 张海报和一款日历。这是由索菲亚•乔治普罗设计工作室设计的，装在浅褐色棉布袋中的 2012 年的日历葡萄酒，作为一款送给索菲亚的朋友及客户们的圣诞礼物。海报与日历的插画设计和视觉形象选自于（以及设计灵感）索菲亚设计工作室名为“索菲亚每日创意”的博客。

图 1-5-4 2012 年的 20 个愿望 1

图 1-5-5　2012 年的 20 个愿望 2

## 二、Altavins 阿尔塔葡萄酒

图 1-5-6 的该产品包装标签用一个倒置的“A”作为品牌标商标，突出阿尔塔葡萄酒的双重特征，也反映了特拉阿尔塔地区经历过的多种文化变迁和葡萄种植及酿制方式悠久历史。

图 1-5-6　Altavins 阿尔塔葡萄酒

## 三、ADIRWINERY 阿迪尔酒庄

ADIRWINERY 阿迪尔酒庄位于上加利地区，主要为红酒领域的专家和收藏者酿制红酒。图 1-5-7 产品的设计师选择了对比的方式进行设计。“温和”对比“粗糙”，“外向”对比“优雅”，“本土”对比“海外”，“创新”对比“传统”。两种不同的字体、色调与排版方式，突出了该品牌对均衡与和谐的追求。

图 1-5-7　ADIRWINERY 阿迪尔酒庄

**四、保罗梅耶**

图 1-5-8 的这款酒的商标急需一个全新的形象，突破当前这种混乱局面。在这种情况下，设计师被要求选择一个现有的红酒公司来重塑它的品牌。保罗梅耶是在加利福尼亚州纳帕谷的一家专业酿酒厂生产的。设计师对这次的设计感兴趣是因为这是一次好的机会来重塑一个明显缺乏个性的公司品牌。设计师需要为两种零售价的酒打造一款概念性的设计，其中之一是红葡萄酒，另外一个是标价 16 美元的夏敦埃酒，另外还有一款售价为 120 美元的礼盒装的优质赤霞珠酒。

图 1-5-8　保罗梅耶

## 五、Food Lovers 美食爱好者

图 1-5-9 的 Food Lovers 美食爱好者是一个小众品牌，专门销售自己农场的产品。该设计利用包装本身作为黑板，在上面用粉笔写上大字母，以简单明了的方式，模仿传统食品店门口常见的标志，力图营造淳朴、传统的食品形象。

图 1-5-9　Food Lovers 美食爱好者

## 六、Milk，Man 牛奶与送奶工品牌

图 1-5-10 的 Milk，Man 牛奶与送奶工品牌包装通过纯文字的、现代的包装方式重新解读老年送奶工身上体现的经典品质和亲切，尽管以熟悉的 1 升包装有利于进行出售，但分装的 250 毫升小包装更便于携带。

图 1-5-10　Milk，Man 牛奶与送奶工品牌

## 七、ZAITFARM 赛特农场

图 1-5-11 的 ZAITFARM 赛特农场是一家有机乳业精品店，位于以色列的阿隆哈加利尔地区，该产品的包装仅以简单的灰色文字作为背景，使蓝色的商标文字更加突出。

图 1-5-11　ZAITFARM 赛特农场

## 八、Charlie’s Quenchers 查理的冷饮

如图 1-5-12 所示的“查理的”老式冷饮一直是冷饮爱好者的最爱，此产品的系列包装标签以手绘文字围绕被放置在柠檬中的产品的方式展开，设计语言俏皮可爱，十分符合“查理的”冷饮的形象。

图 1-5-12　Charlie’s Quenchers 查理的冷饮

## 九、Cielito Querido Cafe 谢利托咖啡

Cielito Querido Cafe 谢利托咖啡是一家拉美咖啡厅，图 1-5-13 的包装设计从墨西哥历史中获得灵感：游戏、愉快的色彩、象征语言以及 19 世纪末、20 世纪初的插画，拉美风的商标与旧商店风格的产品标签及字体设计，共同营造出一种丰富的图形语言，体现了诗意、怀旧、愉快、动感的墨西哥文化。

图 1-5-13　Cielito Querido Cafe 谢利托咖啡

## 十、Urban Bakery Gourmet Cookies 城市烘培坊美味饼干

图 1-5-14 的 Urban Bakery Gourmet Cookies 城市烘培坊美味饼干将让人爱不释手的饼干置身于充满手绘文字和奇妙字体的时尚包装中，传达出“略微特殊”的咖啡文化。

图 1-5-14　Urban Bakery Gourmet Cookies 城市烘培坊美味饼干

## 十一、BONNIE’S JAMS 邦妮果酱

图 1-5-15 的 BONNIE’S JAMS 邦妮果酱是一个家庭自制果酱品牌，该果酱能为鸡、鸭、排骨等添加一层光亮的杏橙和桃姜果酱层，也能为早餐提供美味的草莓酱和树莓柠檬酱，还可用于烹调其他美食。设计师利用刺绣字体来突出这些果酱的家庭自制感。

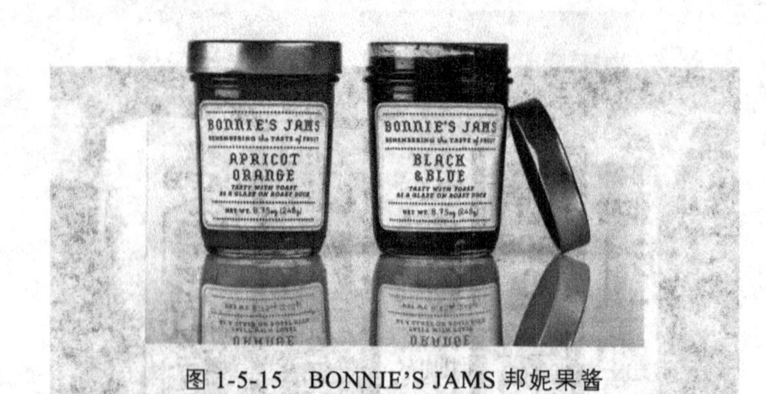


图 1-5-15　BONNIE’S JAMS 邦妮果酱

## 十二、Gruia 格鲁亚奶酪

图 1-5-16 包装采用木质纹理，突出自然感与亲和力，不同产品的包装文字采用了不同的处理方式：黄油和易涂抹奶酪采用了柔和的字体，而天

然奶酪则采用尖锐的字体。

图 1-5-16 Gruia 格鲁亚奶酪

十三、Over The Moon 月亮之上

本案例是为一家新西兰精品奶酪公司打造的品牌形象（见图 1-5-17 和图 1-5-18），包装以手写的《稀奇，稀奇，真稀奇》儿歌歌词作为装饰，并将个性、精致和现代等特色反映在最终的铅笔手绘方案中，给人一种温馨感，并且重现了奶酪制作过程的亲切感，体现出了食品的友好、精致和现代。

图 1-5-17 Over The Moon 月亮之上 1

图 1-5-18　Over The Moon 月亮之上 2

## 十四、WRAP[rahyt]文字包装

图 1-5-19 和图 1-5-20 包装设计是一项丹麦皇家美术学院设计分院的入学考试试题的概念设计，它将不同字体及字号的文字作排版处理，印刷在半透明的食品包装纸上，商标中的[rahyt]具有正确（rahyt）包装、惯性（rite）包装和书写（write）包装三重含义。

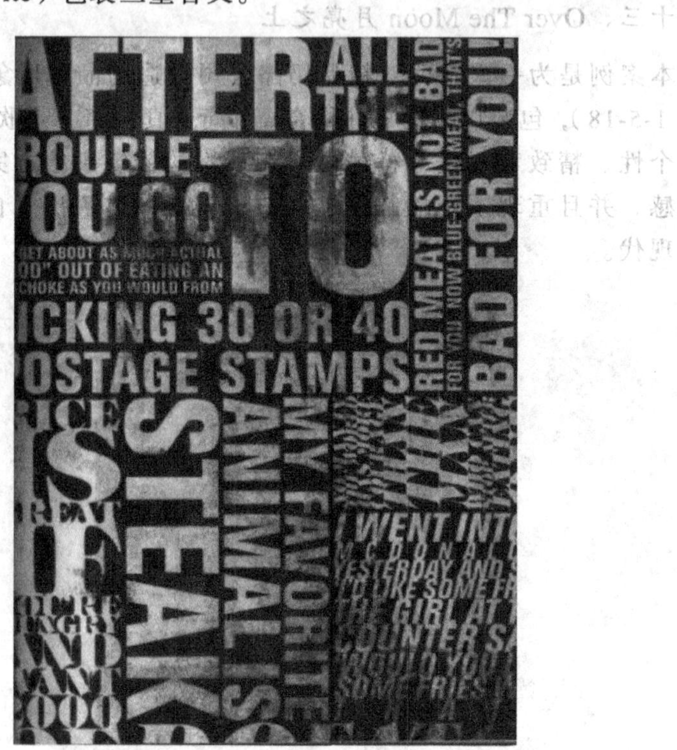


图 1-5-19　WRAP[rahyt]文字包装纸

图 1-5-20　WRAP[rahyt]文字包装纸包装效果

## 十五、布拉奇·菲尼·萨普尼公司礼品套装

“播种你的梦想，让它们生长”是索菲亚·乔治普罗自发计划的标题，同时也是她对自己 2011 年的期许。那些栩栩如生的郁金香花朵以及他们“独一无二的”昵称（例如“红色帝王”“粉钻石”“甜心”等）激发了设计师的灵感，创作了这一系列环保又相映成趣的包装来盛放郁金香球茎（图 1-5-21 和图 1-5-22）。这款包装作为送给友人以及客户的礼物，是想告诉他们“播种你的梦想”，并浇灌它们，期待在来年的时候花朵是否会成长（梦想是否实现）来为它们提供独特的经验。包装上的插画灵感来自于郁金香“独一无二的”昵称，并且全部由手工绘制而成。

图 1-5-21　布拉奇·菲尼·萨普尼公司礼品套装 1

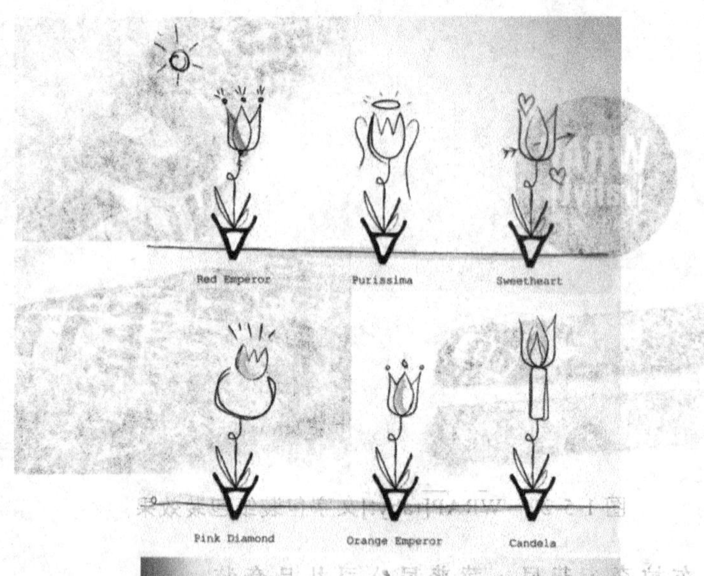

图 1-5-22　布拉奇·菲尼·萨普尼公司礼品套装 2

## 十六、波普波普礼品包装纸

图 1-5-23 是 Studio Kudos 为 2010 年新年设计的礼品包装纸，波普波普是自 2008 年起的传统礼物的一部分，特点是以两个大的数字作为图形，选自当年以及下一年年份的末尾数字。每年荣誉设计工作室都选取两种对比色并从基本的几何图形中选取设计图案。当从远距离看的时候，可以看到大的数字，然而在他们包裹在不同大小和形态的物品上时，又会显现出漂亮的随机图案。该包装纸用低调的金属铜颜色表示过去的 2009 年，用鲜明的荧光绿色表示即将到来的 2010 年。设计师用这两个数字组合的几何图形选取设计图案。当从远距离看的时候，可以看到大的表示年份的数字，然而在他们包裹在不同大小和形状的物品上时，又会呈现出漂亮的圆点和星星闪烁的图案。这样一份漂亮而有意义的礼品包装作品可谓匠心独运，独树一帜。

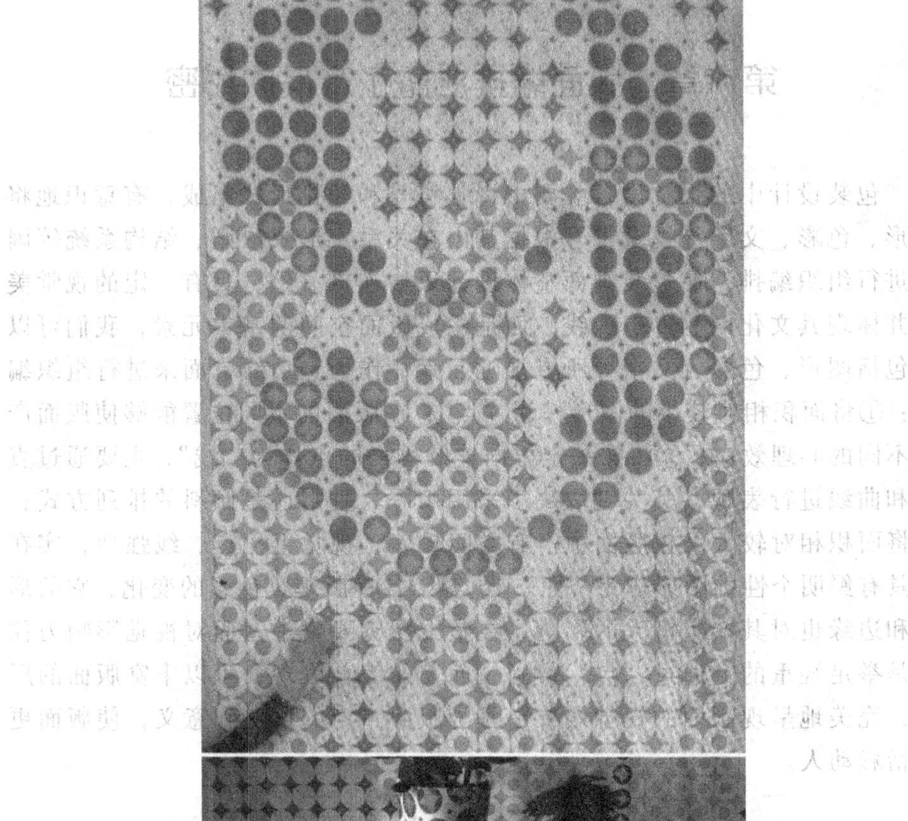

图 1-5-23 波普波普礼品包装纸

# 第六章 版面编排泄露了产品的秘密

包装设计中的视觉语言主要由视觉符号和编排形式组成，有意识地将图形、色彩、文字等视觉符号根据其内在关系、形式法则、结构系统等因素进行组织编排，使包装画面整体设计风格连贯一致，具有一定的视觉美感并体现其文化内涵。点、线、面是构成版面空间的基本元素，我们可以将包括图形、色彩、文字等所有视觉元素，作为点、线、面来进行组织编排：①将面积相对较小的图形作为“点”，在版面的不同位置能够使版面产生不同的心理效应；②将按一定方向连续排列的点作为“线”，主要通过直线和曲线进行表现，其关键取决于采用水平、垂直还是倾斜的排列方式；③将面积相对较大，在版面中占有空间较多，视觉上比点、线强烈，实在并具有鲜明个性的图形作为“面”，包容了各种肌理、色彩的变化，它的形状和边缘也对其产生极大的影响，在整个视觉要素中，面对视觉影响力往往是举足轻重的。通过“点”“线”“面”的综合表现，可以丰富版面的层次，完美地呈现版面的视觉效果，赋予版面一定的情感和意义，使版面更加精彩动人。

## 第一节 版面编排的设计类型

由于版面的构成样式在实际使用中五花八门、种类繁多，但通过归纳和概括，大致可以分为骨格型、对称型、垂直型、倾斜型、满版型、曲线型、重心型、三角型、并置型、四角型、自由型等，在做产品包装编排设计时，需考虑产品的本质特性、目标消费者和销售方式与销售环境等因素，使版面编排构成的样式类型与之相符。在选定合适的版面编排构成的样式类型的前提下，充分把握好图形与图形、图形与文字、文字与文字、色块与色块及各包装面之间的关系，利用人的视觉焦点，按照人的视觉习惯，将产品包装设计各视觉元素的主次关系以及各包装面视觉焦点的顺序有计划地进行组织安排，让各个视觉元素之间构成和谐统一的整体，在此基础上，通过材料的选择、印刷工艺的呈现、盒型大小与结构的设计，使整个产品包装设计富有外在的形式美和内在的逻辑性，表达出产品包装的特性

与魅力。

## 一、骨格型

骨格型的版面在图形和文字的编排上严格按照骨格比例进行，是一种规范的、理性的分割方法，常见的骨格有通栏、双栏、三栏和四栏等，多见竖向分栏，给人以严谨、和谐、理性之美。将骨格之间相互混合后，其版式既保留原有骨格的理性和条理，又增添了活泼和弹性。

## 二、并置型

并置型是将相同或相似的图片做成大小相同而位置不同的重复排列，让原本复杂喧闹的版面更具秩序、安静、调和与节奏感，有比较、解说的意味。

## 三、上下型

上下型是将版面分成上下两个部分，文字安排在上部分或下部分，另一部分则配置图形的版面构成样式。文字偏重安静和理性，而图形则显得感性而又富有活力。

## 四、左右型

与上下型原理相同，左右型是将整个版面分为左右两个部分，并分别配置图形与文字，使左右两个部分形成强烈对比，造成视觉心理的不平衡。若将分隔线虚化或用文字与图形做穿插处理，左右页的关系也将变得自然和谐。

## 五、中轴型

中轴型是一种将文字、图形放置于中轴线的版面构成形式。水平排列的版面给人稳定、安静、平和、含蓄之感；垂直排列的版面给人以强烈的动感。

## 六、对称型

对称分为绝对对称和相对对称。对称型版面一般多采用相对对称手法，以避免出现由于过于严谨而乏味。常见的对称以水平对称居多，给人稳定、庄重、理性的感受。

七、三角型

以三角形形状为基准，将文字或图形按照此形状进行组合的版面编排样式。正三角形是最具安全稳定因素的形态，而倒三角则给人动感和不稳定感。

八、四角型

指在版面四角以及对角线结构上编排的图形。给人严谨、规范的感觉。

九、倾斜型

倾斜型的版面中主题形象或多幅图版作倾斜的编排，使版面产生强烈的动感和不稳定因素，以引起人们的注目。

十、自由型

自由型是无规律的、随意的编排构成，给人活泼、轻快的印象。

十一、曲线型

图片或文字在版面结构上作曲线的排列构成，产生韵律与节奏美感。

十二、重心型

以鲜明的图形或文字占据页面某个位置，产生视觉焦点，使其主题强烈而突出。一般分为三种形式：（1）以独立而轮廓分明的形象占据版面中心；（2）视觉元素向版面中心聚拢的向心运动；（3）视觉元素由版面中心向外扩散到离心运动。

十三、满版型

版面以图像为诉求，充满整个版面，视觉传达直观而强烈。文字压在图像的上、下、左、右或中部位置上，给人大方舒展的感觉，是商业广告常用的版面类型。

## 第二节　产品包装的版面编排原则

包装设计的形式美构成的每一个方面都应是具有广告功能的媒体，使消费者对包装产生兴趣，进而产生购买行为和心理认同。

一、对称与平衡

对称是等量的平衡（我国古代的建筑就是对称的典范）。对称形式有以中轴线为轴心的左右对称（蝴蝶、蜻蜓等昆虫翅膀），以水平线为基准的上下对称（如水岸边的建筑和树木倒影）和以对称点为源的放射对称（如花朵），还有以对称面出发的反转对称（人与镜中人像）形式等。版面编排设计上的对称涵义较广，可归纳为反射、回转、扩大、移动四种基本形式，对称图形具有稳定、庄严、整齐、秩序、安宁、沉静的简洁美感及静态安定感，但稍有不慎，易显呆板。在对称的基础上，不拘泥于对称形式而进行适当变化，使其成为一个宏观对称、微观变化的整体图形，是版面编排的较高境界。

平衡是指两种及两种以上的构成要素相互均衡并予以配合而达到的安定状态，平衡式构图是指画面上的图形、文字、色彩等元素以重心稳定为基准的自由排列形式，较之对称更加变化有致且潇洒自由，平衡感是人类长期观察自然而形成的审美观念和视觉习惯，符合此种审美观念的造型式样具有美感，违背此原则的，就失去视觉上的平衡，给人不舒服的感觉。均衡非平均，平均虽稳定，但缺变化，亦无美感，所以构图切忌平均分配画面。

二、节奏与韵律

在我们生活的环境中存在多种律动现象，包含规则或不规则的反复与节奏，其中，重复使用形状、大小、方向都相同的基本形。使产品包装设计产生安定、整齐、规律的统一。但重复构成的视觉效果有时容易让人感觉呆板、平淡、缺乏趣味性，因此，在重复的版面中安排一些交错与重叠，可打破版面呆板、平淡的格局。节奏是按照一定秩序条理，连续地排列，形成富有韵律的节奏形式，它可以是等距离的连续，也可以是形状、长短、大小、高低、明暗等渐变排列构成。在节奏中注入情感、个性及美的因素，就成了韵律，不但有节奏更有情调，它能增强版面感染力，拓展艺术表现力。

三、对比与调和

对比是差异性的强调，存在于相同或相异的性质之间。也就是把相对的两要素进行比较互为衬托，在大小、粗细、强弱、硬软、直曲、疏密、锐钝、轻重、明暗、黑白、高低、远近、浓淡、动静方面产生强者更强、弱者更弱的对比，使具有对比关系的事物之间显示出主从关系和统一变化的效果。一般而言，通过对比关系产生的视觉效果明晰且有力，在构图上通常与比例、对称有密切关系。比例是产生对比的必要条件，对称是二要素相互比较的结果，如形状对比、面积对比、方向对比、肌理对比、色彩对比等。在琳琅满目的货架上绝大多数商品都是在人们的余光中一扫而过，能让消费者定下神来观看几秒已为数甚少，若想让消费者伸手取下对其进行深度了解，就需要产品包装具备鲜明生动、独具魅力的形象面貌，这种鲜明生动则依赖于设计中的对比。设计中的对比需注意度的把握，适度运用对比关系可使画面活泼有趣、井然有序，所有视觉元素调和成统一整体，如空间的虚实、色彩的变化、形体的差异等都是力求和谐而富有变化的对比关系。

对比与调和是相辅相成的。调和是近似性的强调，是指两者或两者以上的要素在质的方面或量的方面，差异和共性并存且被赋予一定秩序的状态才能获得，当差异超过共性时，调和即转化为对比。任何一个产品包装设计整体都是由若干个与产品有关的图形、文字和作为衬托的各种色块及装饰图样等局部组成，各局部都有自身特点，局部之间又存在明显差异及千丝万缕的内在联系。所以设计中诸元素的差异是在确保整体和谐与完美的前提下进行的，抑或是在千差万别的诸元素间寻找和谐与完美的统一与调和。调和的作品具有愉快的、静态的情怀和温和雅致的美。一般而言，整体版面宜调和，局部版面宜对比。

### 四、虚实与留白

虚实与留白是版面设计中重要的视觉传达手段，主要为增添版面灵气和制造空间感。两者都是通过采用对比与衬托的方式烘托画面主体部分，集中观者视线，使版面结构主次清晰，形成版面的空间层次感。利用留白手法可使整个产品包装画面协调精美，而有意留下的空白，在没有图形、没有文字、没有装饰性点线面的空间里，达到不着一笔、尽显风流的画面效果与设计追求。留白以虚的形状、大小、比例等因素影响并决定着版面设计的质量，以轻松的方式留下人们注意的目光，使消费者在休息停顿中看到产品主体信息。中国传统美学有“计白当黑，计黑当白”的说法，在版面编排中亦是设计师设计“悟道”的体现，留白的多少，需根据所表现的具体内容和空间环境而定。留白少，空白小，版面拥挤、紧张且热闹，传达信息量大；留白多，空白大，版面温和、冷静，彰显高品质与高格调。

任何形体都占有一定实体空间，在形体之外或形体背后的细弱或朦胧的图形、文字和色彩就是虚的空间。实与虚没有绝对分界，每一个形体在占据一定的实体空间后，都需要依靠一定的虚空间来获得视觉上的动态与扩张感。

### 五、比例

比例是形的整体与局部、局部与局部及局部本身在长、短、宽、窄及面积上的比率。产品包装设计中的比例是一种用几何语言和数比词汇表现画面关系的抽象艺术形式。成功的排版设计，取决于良好的比例，即等差数列关系、等比数列关系和黄金比等。其中黄金比能求得最大限度的和谐，使版面被分割的不同局部产生相互联系。在日常生活中，比例被广泛运用，比例的美在画面中产生或巨大、或渺小、或宽广、或狭窄的境界，但作为追求视觉上的特殊效果，刻意打破常规比例关系，以失调、怪诞的造型作为表现手法也越来越多地出现在艺术设计领域，与黄金比相比，形状更趋向细长的矩形，给人以端庄的印象，形状更趋向于正方形的矩形则给人强有力的印象。

形式美的各条法则在设计实践中都不孤立，它们之间相互联系，应用时应融会贯通。产品包装设计是将外观的形象视觉元素通过艺术表现手法，按照形式美法则进行创造性实体设计，以表现其标志性与恒定性、寓意性与意味性、叙事性与含蓄性等性质，构成视觉造型创意，传递艺术信息，陶冶人们的情操，使消费者产生购买欲望的创造性活动。但产品包装不是单纯的设计艺术作品，消费者通常出于生活需要产生购买行为，因此包装设计人员应以商品为中心，把握设计诸要素的内在联想，深化定位设计，完善包装形态，使设计为产品服务。

## 第三节　包装版式释义

### 一、食饮之乐

哈德森·加文·马丁公司是一家由三位合伙人创立的高端法律公司，位于澳大利亚，公司的主要任务是提供知识产权及科技法律的咨询服务。俗话说的“好坏不离三”，“三”这个概念是哈德森·加文·马丁公司的重要部分。图 1-6-1 和图 1-6-2 这款礼品本身是由三瓶酒组合而成，它们是梅洛酒、梅洛赤霞珠和解百纳干红葡萄酒。这一切都是庆祝必不可少的部分。每瓶酒的包装上都标有一组刻度，以度量喝了多少酒和微醺的程度。

图 1-6-1　食饮之乐 1

图 1-6-2　食饮之乐 2

## 二、Spendrups 酒商标

图 1-6-3 的 Spendrups 酒标签采用简单的黑色与金色的双色平版印刷，标签以六边形和长方形胶版纸为载体，其中六边形标签上放置品牌标识与品牌名称，而长方形标签上则放置该酒的详细信息。两个标签一上一下粘贴于瓶身，给瓶身留出大片的空白，透过这片空白，消费者可以清晰地看到内装物“酒”的形态。

图 1-6-3　Spendrups 酒商标

## 三、Zarbanis Distillery 扎巴尼斯酒业

图 1-6-4 这一希腊当地的产品的目标顾客是喜欢茴香烈酒的希腊国内外人士。包装设计中使用了三个连环元素：名称、产地和内涵，通过突出的字母“Z”与制造商联系起来。经典的蓝白色调代表了希腊所有的美丽事物，透明玻璃瓶给透明烈酒增加了轻盈感和纯粹感，整体设计通过字体的大小对比，以左右对齐的版面编排设计显得精致且个性十足。

图 1-6-4 Zarbanis Distillery 扎巴尼斯酒

## 四、Marlborough Sun 马尔堡之子

图 1-6-5 包装设计是为马尔堡红酒品牌进行的包括命名、形象设计和标签设计等全套的品牌形象塑造。因马尔堡红酒在全球的高知名度，该设计制造了热门的话题，并将这种热门话题的形象应用于标签，因每年的葡萄酒都是精选，有着特有的味道，所以每年的热门话题也随之发生变化，而标签也随之更新。

图 1-6-5 Marlborough Sun 马尔堡之子

## 五、Super Beertournament 超级啤酒锦标赛

第一届桌上足球锦标赛在 BOB 工作室举办，其中超级啤酒锦标赛的参赛者可以享用自制啤酒和 5 个小时的竞赛时间。该工作室特为该活动做了包装设计（图 1-6-6 和图 1-6-7），提供印有比赛标识的玻璃杯以及 T 恤、海报等赠给参赛者作纪念品。

图 1-6-6　超级啤酒锦标赛海报

图 1-6-7　超级啤酒锦标赛

## 六、Diageo 帝亚吉奥

图 1-6-8 的包装设计将大尺寸的产品名称“McCoy”和小尺寸的“Real”及其他不同字号的文字在大小的强烈对比，使人将注意力放在产品名称上，海关关税印章标记为整个设计增添纹理感，简单、灵活而又强烈有力，适用于各种款式的包装。

图 1-6-8 Diageo 帝亚吉奥

## 七、Vitam Lmpendere Vero 和 Grajska Zametovka 的酒标签

图 1-6-9 的这两个标签采用了同样优良的材料和技术，并以相似的留白版面形式，使用大小字号的强烈对比和简单的色彩，让人回忆起了传统的高品质。

图 1-6-9 Vitam Lmpendere Vero 和 Grajska Zametovka 的酒标签

## 八、Dry 汽水瓶

图 1-6-10　Dry 汽水瓶

图 1-6-10 的这系列产品的品牌形象使用了不同的材料及令人愉快的不同色彩，对每种产品的口味进行区分，瓶身及瓶口的字体以上下垂直对齐的方式排列，简洁且具个性，体现产品的纯正特色。

## 九、Etesian Gold 季风黄金油

Etesian Gold 季风黄金油主要销往中东地区，在那里，橄榄油除了用作珍贵的食材之外，还主要用于美容，季风黄金油的目标受众是欣赏纯粹成分的忠实消费者。设计师利用明确的设计与简洁的版面编排设计，搭配优雅的瓶型和简约低调的色彩，使整个包装显得简约、现代且优雅十足（图 1-6-11）。

图 1-6-11　Etesian Gold 季风黄金油

## 十、Timion 狄米昂橄榄油

Timion 狄米昂橄榄油的目标受众是追求高品质生活的人群，在希腊整个国家都在饱受诟病的时刻，该品牌选择了一个超乎寻常的大胆尝试，以富含幽默的方式体现该品牌的独特品质。图 1-6-12 的产品的标识设计充分利用了品牌名称所暗示的诚信、可靠、正直等品质，无论是字体、瓶型还是产品说明的整个版面编排设计，都给人纯粹、诚实、可靠优良的感觉。

图 1-6-12 Timion 狄米昂橄榄油

## 十一、The Living Food Kitchen 生机美食厨房

The Living Food Kitchen 生机美食厨房的品牌创始人是一位有理想的年轻人，他致力于生产对健康有益的食品，图 1-6-13 该产品的包装通过简单的图形和简洁的版面设计塑造出强烈的品牌形象。

图 1-6-13 The Living Food Kitchen 生机美食厨房

## 十二、Green Way 绿色生活

图 1-6-14 的设计融合了有机、自然和生态环保的理念，以产品及产品原料图形，文字、品牌标识等基本信息通过左右或上下的排版使其适应不同尺寸的包装展示面。

图 1-6-14　GreenWay 绿色生活

## 十三、Assaf Dauber Honey 阿萨夫·道贝尔蜂蜜

阿萨夫·道贝尔是一个对蜂蜜充满热爱的蜂蜜制造商，图 1-6-15 的产品包装简洁的图章和字体编排设计体现了该品牌顶级蜂蜜的卓越品质。

图 1-6-15 Assaf Dauber Honey 阿萨夫·道贝尔蜂蜜

## 十四、Eden Desserts 伊甸甜品

图 1-6-16 的设计将神秘、诱惑、迷人的元素融入甜蜜、天真、生动的世界，将包装上的品牌标识分置于版面左右并使二者联系起来，形成独特的感官体验。

图 1-6-16 Eden Desserts 伊甸甜品

## 十五、Zen 禅

“禅”是为患有乳糖不耐症的人士推出的豆制代乳产品，同时也面向崇尚健康、自然、易消化饮食的人群，产品的口号是“纯粹、完整、简单”。图 1-6-17 的包装设计以友好的方式传达了健康而丰富的信息，力求吸引前面所提及的两种消费群体。独特的腰封及图形与文字分开的左右型排版方式不仅赋予产品天然的外观，还解决了低量印刷成本的问题。

图 1-6-17　Zen 禅

## 十六、Gordon Ramsay ProductLine 戈登·拉姆齐的产品线

图 1-6-18 的设计选择荣获 10 颗米其林星的英国著名厨师戈登·拉姆齐的形象，与强调区分功能的排版设计相结合，以干净、优雅、简单的方法来创建一个统一的品牌排版风格。

图 1-6-18 Gordon Ramsay ProductLine 戈登·拉姆齐的产品线

## 十七、Dawgy Dawg 道奇狗饼干

该产品的目标消费群体是年轻的城市养犬人。图 1-6-19 的产品包装设计的目的是利用字体排印打造独特的包装效果，使其与其他使用狗狗图片或插图的品牌区分开来。

图 1-6-19 Dawgy Dawg 道奇狗饼干

## 十八、Joe's Ice Cream 乔的冰淇淋

Joe's Ice Cream 乔的冰淇淋，作为一款本土冰淇淋，乔的冰淇淋已在威尔士有近百年的历史，此次全新的品牌形象和包装设计以怀旧的排版风格为特色，上面写满了来自社交网站上的各种好评（图 1-6-19）。

图 1-6-19　Joe's Ice Cream 乔的冰淇淋

## 十九、Elizabeth Arden 水疗配合护发系列

图 1-6-21 的此系列袋子与标签的设计采用绿色的单色印刷方式，以白色和绿色的文字与大面积的绿色块和白色底形成鲜明的对比，以简洁的版面编排给人清新的视觉感受。

图 1-6-21　Elizabeth Arden 水疗配合护发系列

# 第七章　准确的定位让包装设计成功一半

对于优质产品来讲，产品的品质是保证其畅销的前提，但最终能否畅销则取决于其包装设计的外观魅力、经济魅力、安全魅力、卫生魅力、特色魅力、通俗魅力和属性魅力等整体创意与思路。其中，外观魅力是消费者对产品的第一印象，是能否让他们继续其他心理活动的关键；经济魅力指产品的价格和包装的材质、尺寸、重量及形状等因素是否让消费者感到实惠；安全魅力是指产品包装的可靠性、方便性、信任感和荣誉感等；卫生魅力指产品包装的清洁度和安全感；特色魅力是区分该产品与其他产品的差异，满足消费者某方面的诉求；通俗魅力是产品包装被大众消费者接受和理解的程度；属性魅力则表现为民族、文化、阶层及年龄和性别等方面的共鸣。

定位就是怎样让自己的产品迎合目标消费群体的口味且以突出的形象吸引消费者。定位的准确与否直接影响产品销售的好坏，所以包装设计人员在设计伊始，首先考虑的就是定位问题。定位设计是现代包装设计学中的新概念，近年来受到广泛重视，它是根据不同的消费群对产品的不同需求以“点”的设计来满足人的某种偏爱或需求，是最能体现消费者关心的利益点，由于消费者所处的社会、文化、经济、职业、宗教、民族、年龄、性别和追求利益与购买动机不同，消费者对于产品及其包装的特质也有不同要求。所以，包装设计工作的展开应建立在准确的市场定位的基础上。在了解了同类产品的包装状况、发展趋势和销售情况的基础上，对目标消费群体的民族、性别、年龄、职业及经济状况等方面进行深度调研和分析，通过翔实、准确的包装设计定位探寻生动、新颖、充满魅力且表现力强的产品包装设计。

包装设计定位是实现设计构思的前提，是确定信息传递、形象表现和战略向导的准则。产品包装给创意设计提供的表现空间只有方寸，与观者的视觉接触仅在瞬间，这种时间与空间的限制不能让产品信息一一罗列，更不能让其设计表现得面面俱到。设计定位就是在诸多信息中必须找准重心，有所取舍，在方寸间满足信息传达与形象表现的需要。人的需求是多方面的，消费者散布于各个阶层，社会阶层是影响购买行为的重要因素，

不同消费群体的生活方式和消费特征也有很大差异，而每个人又有心理方面的差异。包装设计人员需要对此进行多层次的细分化设计，让产品包装与消费者进行心理上的对话，使尽可能多的消费者找到与自己预想相符的产品。

## 第一节　包装设计定位内容

包装设计定位是确定产品包装的性质、功能、目标市场和产品的关系及形式等，因人和主题的不同其表现也有差异，企划人员注重商品包装的广告诉求，行销人员看中市场效应，消费学家侧重消费者利益，而包装设计人员则在消费者利益与产品包装本身利益之间寻求达到消费者需求并满足商家诉求的最佳表现途径与设计方式。有关产品包装设计定位的信息有品牌、产品和消费者三项，定位设计的具体实施也在这三项内容当中。

### 一、品牌定位

品牌定位是在产品定位和市场定位的基础上，对特定品牌在个性差异及文化取向上的商业性决策，是建立与目标市场有关的品牌形象的过程。品牌定位是市场定位的核心和集中表现，企业一旦确定目标市场，就要设计生产并塑造自己相应的产品、品牌及企业形象，以争取目标消费者的认同。因市场定位的最终目标是实现产品销售，而品牌是传播产品信息的基础，是消费者选购产品的依据，是连接产品与消费者的桥梁，因此，品牌定位也就成为市场定位的核心和集中表现。

准确的品牌定位是品牌经营成功的前提，它为企业进占市场，拓展市场起导航作用，为企业下一步的产品开发和营销策略指明方向。基于人们只看他们愿意看的事物、排斥与其消费习惯不相符的事物和对同种事物的记忆有限等相关消费者行为，若不能对品牌进行有效定位，树立消费者认同的、独特的品牌形象，必然会使产品淹没在众多质量、性能及服务雷同的商品中。品牌定位是品牌传播的基础，没有品牌定位，品牌传播就会变得盲从且缺乏一致性。经品牌定位所确定的品牌形象会在消费者心中留下深刻印象，使企业与消费者之间建立长期稳定的关系，这是品牌经营的直接目的和结果。对于商品来讲，品牌是其质量的保证。拥有品牌的商家对产品的质量会严格把关，而产品的高质量反作用于品牌形象并予以强有力的印证。以品牌定位的包装设计的主要展示面要清晰明确，品牌标准图形、标准文字与标准色彩都应有自身特色。

## 二、产品定位

产品定位不同于市场定位，很多的人会将两者的概念混淆，但其实两者还存在一定区别。市场定位是指企业对目标消费群体或消费者市场的选择，而产品定位是指企业以怎样的产品满足目标消费群体或消费市场的需求。产品定位是将企业产品与目标消费群体或消费市场结合的过程，包含产品在目标市场上的地位如何、产品在营销中的利润如何及产品在竞争中的优势如何这三项内容，它在产品设计之初或产品在市场推广过程中，通过广告宣传等营销手段使产品在消费者心中确立形象，给消费者在选择产品时制造决策的捷径。

产品定位的计划和实施以市场定位为基础，在目标消费群体心目中赋予产品一定的形象和特色，以适应消费者的某些需要和偏好。以产品定位的包装设计的目的是使消费者通过产品包装迅速了解其属性、特点、档次、用途、用法等信息。包装设计的产品定位可从产品的产地、原材料、用途、用法和档次等方面考虑。产品定位既要被定位的产品适应消费者的需求，投其所好，予其所需，以树立产品形象，激发购买行为，又要适应企业自身的人、物、财等资源配置条件，保质保量并及时顺达市场位置。除此之外，产品定位还须结合市场上同行业竞争对手的数量、实力及产品的不同市场位置等情况来确定，避免定位雷同，形成产品差异化，以减少竞争中的风险。

可见，产品定位基本上取决于产品、企业、消费者和竞争者四个方面，对产品的特性、企业的创新意识、消费者的需求偏爱和竞争对手产品的市场位置等四方关系协调得当，就基本可以正确地确定产品地位。

## 三、消费者定位

消费者定位主要考虑产品卖给谁的问题，它通过包装图形使顾客感受到此产品是专为自己或自己的家庭和朋友生产的，是一种极佳的销售战略。消费者定位是指对产品潜在的消费群体从年龄、性别、阶层、职业等多个方面进行分析，并依据消费者的心理与购买动机，寻求其不同的需求并不断给予满足，以突出产品或品牌专为该消费群体服务的特征，以获得目标消费者的心理认同，增强消费者的归属感，使其产生“属于我自己的品牌”的感觉。

消费者的定位过程就是对目标市场细分的过程，市场细分法分为产品导向细分和消费者导向细分两大类。产品导向细分是依据产品和定价、品牌定位、广告定位等不同营销决策目标，围绕该品牌或产品，在特定情境下从消费者特征的角度对消费者进行品牌或产品使用率、对品牌或产品的态度、购买方式、从产品中所得利益和对品牌或产品概念及广告等营销变量的态度等方面的细分，了解消费者在特定情境下对某品牌或产品的心理需求和消费行为差异，以确定最有力的目标消费群及适合的营销策略；消费者导向细分是对其需求和行为特征进行统计分类，它以消费者总体特征作为细分标准，从包括感知、认知、学习、态度、动机、需要、个性等方面的个体认知，包括人口统计、家庭、相关团体、亚文化、文化等因素的社会文化环境，以及行为决策过程等三个侧面作分析研究，试图把握不同消费者心理行为的内在根据。在此基础上以超强的触觉，找出与企业资源状况最匹配、最适合的消费群体，从产品、营销策略、服务方式等方面集中运作以适应和满足目标市场的需求。

定位分析中，对于品牌、产品、消费者这三项因素不能孤立的考虑和运用，在实际的包装设计实践中应以其中一项因素为主导，其余两项配合呼应。受包装尺寸所限，欲传递的信息不能一一在主要展示面进行罗列，信息量过多也会冲淡消费者对产品的印象，所以，应把要突出的重点信息放在主要展示面，其他内容则安排到后面和侧面。但究竟要突出哪些信息，就需通过市场调查，仔细研究商品资料和市场信息，了解和掌握被包装产品在市场上的地位。若品牌为大众周知，应以品牌定位为主；若产品特点鲜明且具优势，应以产品定位为主；若目标消费对象明确，应以消费者定位为主。

包装设计定位工作需在世界经济发展潮流的大背景下纵观产品包装发展史，每次行业巨变或经济动荡都强制或潜在地改变着人们的生产生活、行为意识和审美需求，而所在社会的产品及包装形态也势必会作相应调整，以适应及满足当时的社会与人的需求。依据包装发展史，把握社会、人、产品、包装四者之间的联系及变化规律，对于准确的包装设计定位及产品包装策划有积极的指导作用。包装设计的定位是为接下来的整体构思和设计表现提供有效指导意见，若要使设计掷地有声，定要在此阶段搜集并提供给包装设计人员必不可少的资料，而这些资料贯穿于包装设计的整个过程，并通过包装实体的设计表现使消费者接受。

## 第二节 包装设计整体策略

现代包装设计已进入系统管理和创造策划阶段，多数情况下，产品包装设计是贯穿于企业管理的全过程，而不仅仅是围绕某企业的某一产品展开，实现产品包装设计的整体策略需要从包装整体设计定位、包装材料选用、包装防护性能、包装装潢定位和包装附加物设计五个方面着手。

### 一、包装整体设计定位

在对预包装产品的现状、发展趋势、销售环境及同类产品包装的现状进行分析的基础上，根据包装策划所确定的设计及改进方向、功能目标、生产方式等指导意见，结合“科学、实用、经济、美观”的设计原则，对产品包装的整体形象进行明确定位。包装形态需凭借一定的包装结构来体现，包装结构又必须依托具体形态，设计包装形态的同时就需考虑其结构特点与生产工艺，而各种包装材料可以以不同的形态结构展现其功能需求和力学工艺性能。所以，对包装形态进行设计的同时，需要对多种材料和结构进行尝试与探索，以实现材料性能与结构设计的最佳配置方案。

### 二、包装材料选用

包装材料的选用应从包装的整体功能及目标出发，无论是纸材料，还是塑料、金属、玻璃、陶瓷，抑或其它，作为现代功能性防护材料，每种材料皆有不同理化特征与工艺性能，正确选材与合理选材是包装实践的重要环节，它关系到包装整体功能、经济成本、加工方式、装潢印刷与包装废弃物回收处理等多方的问题，因此，熟悉各类包装材料的性能、特点、成本、工艺等，并及时了解新材料的动态，有利于包装设计人员对整体包装设计的把握。

### 三、包装防护性能

在解决包装的缓冲防震与空气调节功能上，除选择功能材料和设计缓冲造型结构外，一些如食品、药品及活性产品等对包装有特殊要求的，就需要进行真空、泡罩密封、惰性气体填充，附加吸湿、吸氧及防伪处理等，同时还需进行相应的包装使用功能和防护功能的理化测试，以保障包装对产品的防护性能。

## 四、包装装潢定位

包装装潢作为传达产品信息、美化产品、满足消费者审美需求和促进产品销量的功能承载者，其表达商品信息的图形、衬托商品及包装的色彩与具体文字信息的字体设计，以及装饰性图形和构图分布等各元素、各环节的设计表现形式都要服从包装视觉信息传达设计的总体构思，从而有效展现产品的个性化信息，准确传递产品信息、引导正确消费服务。包装装潢设计在包装整体风格与个性的基础上，根据被包装产品的特点与市场导向，从表达并传递产品信息和吸引消费者的角度，依据包装法规，进行关于产品的名称与特色、产品的商标牌号与生产企业、体现目标消费对象特点的信息等方面的综合考虑，安排商品视觉信息的主次关系，依据主要展示面集中表现产品特点及主要信息，辅助面安排其他说明性及补充文字和图形的原则，确定包装实体各面的信息分别定位，形成产品与包装融合且能体现其形象特征的有机体。

## 五、包装附加物设计

包装附加物是产品包装设计的补充构成，对于树立品牌形象、宣传企业及商品信息、方便消费使用等方面有积极作用。包装附加物不能脱离包装本身，它是主体包装的延伸，承载着主体包装不便或不能承载的内容与形式。它既能统一同个品牌的不同产品的形象，又能对其进行区分。

在市场激烈的竞争现实中，每个企业或商家都希望在其中占据优势，以求得生存和发展的空间。新产品的设计与开发是企业能否继续生存下去并保持旺盛生命力的标杆，对于新产品的包装设计定位显得极其重要且有意义。在产品包装设计中，定位是指确定各设计元素的准确位置，随着时代的发展及诸多因素的影响，而今的定位已不能单纯地从形式上理解其含义。在物质极大丰富的年代，人们在追求物质满足的同时，更渴望精神的愉悦，在产品包装设计领域就需要具有文化品位的产品包装出现在人们的视野里，而产品包装设计领域也需要相关文化的形成与熏陶，但设计文化的形成离不开文化的设计，有品位的产品包装设计不仅是物质上的包装实体，更是一种生活方式和文化概念体，所以，包装设计人员在进行设计定位时不仅要考虑包装自身的使用、保护、销售和审美功能，还要赋予产品及其包装一定的文化魅力。

## 第三节 包装定位释义

### 一、Captain John Cheese 约翰船长奶酪

考虑到消费者使用的方便，图 1-7-1 的产品包装设计将奶酪刀设计到包装内，只需简单旋转螺旋刀片，就能切出等尺寸、等重量的精致奶酪薄片。

图 1-7-1 Captain John Cheese 约翰船长奶酪

### 二、Mighty Rice Whiteand Brown 白棕魔力米

如图 1-7-2，该产品的目标受众是低调的折中主义消费者，此设计方案的灵感来自于一系列来往于希腊和毛里求斯的电子邮件和网络电话，吸收了产品的生产和市场定位信息并将其融入设计框架之中。因此，设计综合了口味、象征和图形。作为岛国和谷物的基础，每一粒米通过透明、动感、优雅的黑白双色包装设计得以清晰地展示在人们面前。

图 1-7-2 Mighty Rice Whiteand Brown 白棕魔力米

## 三、Vosges Haut-Chocolat Baking Mixes & Holiday Collection 孚日奥巧克力烘培组合及节日礼盒

图 1-7-3 是为孚日奥巧克力的全新烘培组合和限量版节日礼盒所提供的包装设计。每种组合都以独特的餐具为特色。节日礼盒包含六个独立礼盒设计及节日浮雕巧克力套装，节日礼盒上的图案以单行的不断重复作四方连续图案设计，以白色和银色搭配，体现该巧克力奢侈的高品质定位。

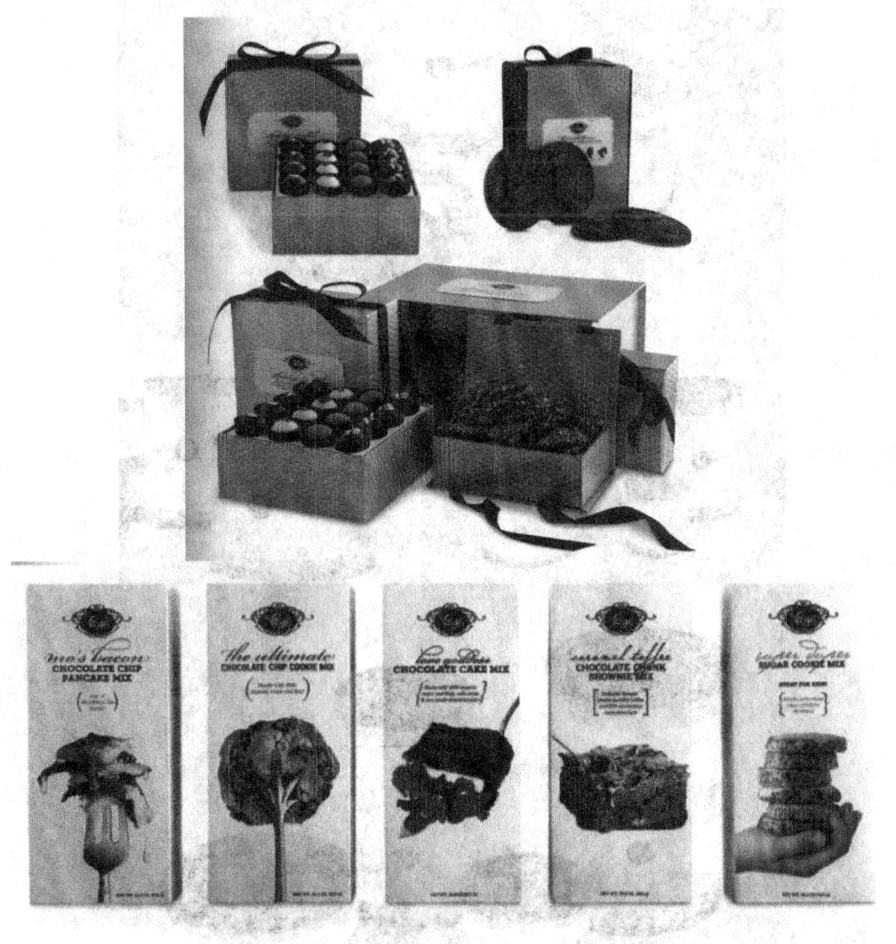


图 1-7-3　Vosges Haut-Chocolat Baking Mixes & Holiday Collection
孚日奥巧克力烘培组合及节日礼盒

## 四、Sweet'son 甜蜜之子

图 1-7-4 的包装设计从消费者使用的角度出发，将巧克力粉与糖粉置于

双重的单缸桶中，将两个产品合为一种特定用途，其目的是方便每天使用，不同大小的塑料模板置于两个缸盖之间，用以装饰蛋糕、甜点及各种咖啡杯，让每个人都可以在家完成杰出的作品。

图 1-7-4　Sweet'son 甜蜜之子

## 五、Via Roma 罗马街

Via Roma 罗马街是一个不怕展示自己个性的品牌，这个正宗的意大利品牌以前所未有的方式在美国展示着它的个性、情绪和表情。图 1-7-5 所示的每一款产品包装都配有生产地人物的黑白肖像摄影，老年人是一个比较孤独的群体，感情上难免空虚寂寞，这套包装从情感角度出发，通过老年人丰富、生动的表情作为主要设计元素，让消费者从心理情感上产生共鸣，并通过或上下或左右分割的版面设计方式真实并直观地展示产品特性。

图 1-7-5　Via Roma 罗马街

## 六、Tusso Coffee Concept-Coffee & Chocolate Tastes 图索咖啡-咖啡&巧克力饮品

图 1-7-6 所示的该产品的目标受众是高端品质咖啡和巧克力饮品爱好者。本设计贯穿“轻松区分”的概念，在严肃的黑色包装上添加极富个性、不符常规的照片，通过在统一而单调的环境中使用特殊表达，让产品脱颖而出，其中橙色和紫色的应用既大胆又美观。

图 1-7-6　Tusso Coffee Concept-Coffee & Chocolate Tastes 图索咖啡-咖啡&巧克力饮品

## 七、Sugar and Plumm，Purveyors of Yumm 糖与布拉姆-怪物糖果店

图 1-7-7 的产品通过特别设计的字体、斑斓的品牌色彩、混搭图案以及有趣的文本消息，虽略显古怪和大胆，但又十分精致和高端，为目标消费群体提供了良好的视觉效果。

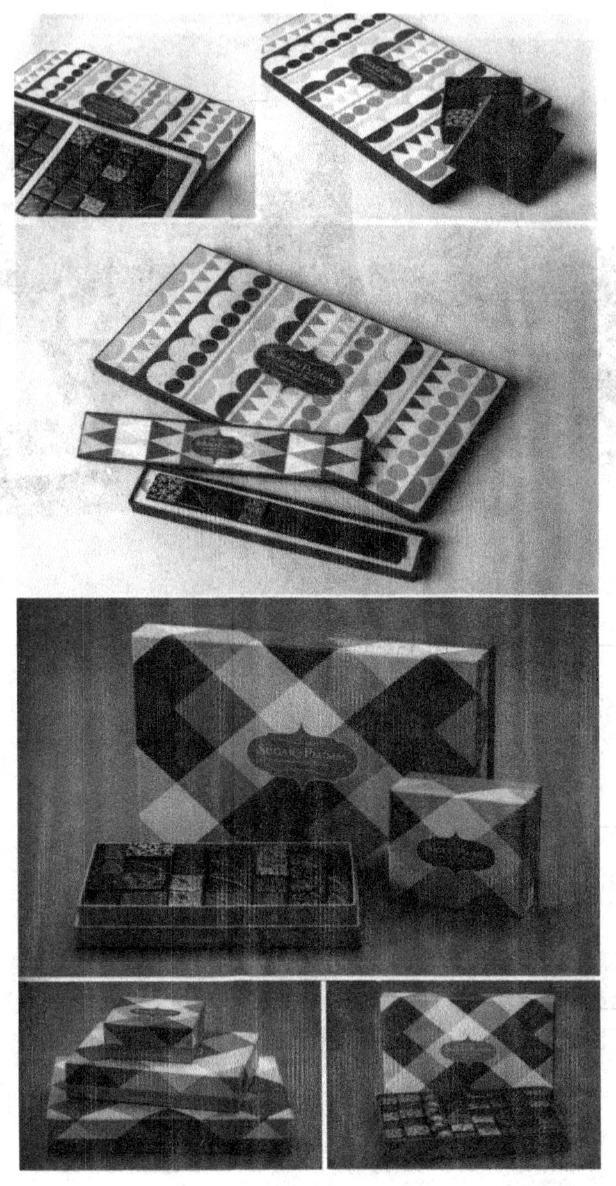

图 1-7-7 Sugarand Plumm，Purveyors of Yumm 糖与布拉姆-怪物糖果店

## 八、Laji巧克力包装

图1-7-8所示，是一个基于儿童这一目标消费群体而创造的包装设计，为贴近消费者的心理，设计师将巧克力包装盒模拟成一个品尝巧克力的大嘴，具有强烈的视觉冲击力。

图1-7-8　Laji巧克力包装

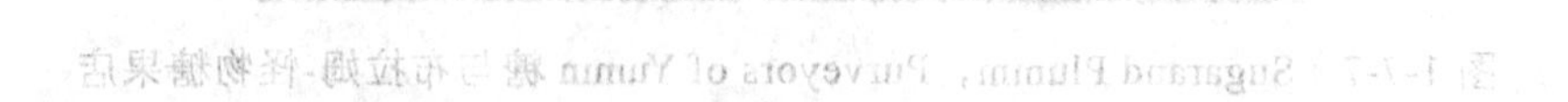

# 第八章 唱响绿色包装主旋律

绿色包装是20世纪后几十年兴起的设计思潮，它的出现与人们审视和批判西方工业价值观的社会思潮有莫大关系，严格意义的绿色设计集中反映人类对工业社会所引起的环境污染及生态破坏的诸多反思，反映在人们的意识行为即道德感和责任感在设计师身上的回归。绿色包装又称无公害包装，指对生态环境和人类健康无害，能重复使用和再生，符合可持续发展的包装。绿色包装设计从环境保护的角度出发，通过设计提高包装生态环境的协调性，减轻包装对环境产生的冲击与负荷。因此绿色设计不单是技术层面的考虑，更是观念的变革，它要求包装设计人员以极为负责任的态度和方法创造产品包装形态，用简洁持久的方式延长产品使用寿命，传达绿色人文的精神理念。

推行绿色包装的很多国家要求制造商、进口商和零售商共同担负包装材料回收和利用的责任，许多发达国家也相继制定若干与绿色包装有关的法律法规，科学、严格、系统地规范人类环境保护的条件与准则，有力推动世界绿色包装设计的健康发展。其中，德国的《循环经济法》和《包装法令》增强了生产者和销售者减少包装废弃物的意识，改变了人们对包装废弃物的传统观念；法国借用德国关于包装废弃物的法令，规定食品包装的制造商或进口商需对家用废弃物的回收负责，被其他国家视为楷模；美国制定总的再循环目标，强调对所有垃圾进行处理；我国自1979年以来先后颁布实施《中华人民共和国环境保护法》《固体废弃物防治法》《水污染防治法》《大气污染防治法》4部专项法和8部资源法，其中有30多项环保法规明文规定包装废弃物的管理条款，1984年我国开始实施环保标识制度，1998年各省绿色包装协会成立，但由于包装工业起步较晚，对废弃物的回收处理工作远不如发达国家，包装废弃物的回收再生依然主要依靠城市原有的垃圾处理系统。绿色包装循环链中的任何一个环节都要形成各自的系统，这需要有绿色意识、绿色行为、绿色管理、绿色法规的支持和保证，从根本上防止污染，节约资源和能源，预防产品包装及其加工工艺对环境的副作用。

绿色包装设计是一种新的设计方法和思想，为使资源利用更持久，环境与人更和谐，此观点已引起世界各国的重视，对实现可持续发展策略具有重要意义。它需要在其整个生命周期考虑包装的自然资源的利用、对环境的影响和可拆卸、可回收、可重复利用等属性，将其作为设计目标，在满足此目标的同时，考虑产品应用的基本功能、经济成本和使用寿命等问题。从技术角度看，绿色包装是以天然材料为原料进行研制，利于回收利用、易于降解、可持续发展的环保型包装，即其包装产品从材料选择、生产制造到使用和废弃的整个生命周期，均应符合生态环境保护要求，所以践行绿色包装设计理念，使包装在其生命周期的伊始便从对绿色包装材料的利用、包装结构功能的完善、适当的使用寿命、良好的绿色效能和印刷所使用的油墨等方面进行考虑。

## 第一节　关于绿色包装设计的思考

### 一、使用绿色包装材料

伴随着人们环保意识的增强，绿色包装材料逐渐受到商家及设计师的重视，开发新型环保绿色材料亦体现出其重要性。绿色包装材料就是可回收、可降解、可循环使用的材料，在其生产和回收处理方面对环境无害或对环境的负面影响较低，尽可能节约资源，减少浪费。绿色包装材料必须具备以下特性：第一，在材料的获取方面，整个流程需符合可持续包装的要求，做好保护环境的工作；第二，绿色材料本身及其生产加工过程必须是无毒或低毒的；第三，再生材料，既能提高包装材料的利用率，减少生

图 1-8-1　可回收式电脑主机箱

产成本，还可节省大量能源，减少其他资源的消耗及废弃物的排放；第四，可再循环的材料是实现绿色包装的有效途径之一；第五，可降解材料，包装废弃物可在特定时间内分解腐化，回归自然。致力于新型环保材料研发的包装生产型高新技术企业 PACKMAKE 派克美克在利用纯天然材料作绿色材料的开发已较为成熟，如利用树叶、树皮作包装材料，利用废报纸加工定性后作为包装箱内减震填充物，利用高分子技术加工、改造 PVC 废料，完善合成皮革，减少真皮皮革的应用等。

## 二、尽量使用同一种包装材料

若在包装物材料的选择上使用如纸、塑料、纺织品、金属等多种材质（如图 1-8-2），那么在对其进行回收时就需对这些不同质地的材料进行剥离处理，给回收环节带来不必要的麻烦，所以，在同一个包装实体上尽量使用同一种包装材料，以减少需将不同包装材料进行分离，提高材料的回收效率和再利用。

图 1-8-2　不同材料的层层包装造成的浪费

## 三、减少材料的用量，避免过度包装

过度包装意味着增加包装成本、提高产品价格、消耗更多资源，在对包装废弃物进行回收处理方面也需投入更多的人力财力，给环境与生态带来负面影响，也给消费者带来经济负担。包装设计人员在对产品进行包装设计时，应在满足包装的保护功能、审美功能、便利功能、销售功能的前提下，减少包装材料的用量，以减少原材料成本及其加工制造的成本，减少运输成本和销售成本，以及包装废弃后的回收和处理成本。

## 四、重用和重新填装的包装

重用和重新填装的包装可延长产品包装的使用寿命，减少废弃物对环境的影响。但需注意并考虑包装物回收和清洁的成本及对环境的影响，建立好相应的重新填装网络和体系。

## 五、优化包装结构

在满足保护产品、方便运输等基本功能的前提下，简化内部结构和外部结构，减少包装材料的消耗与加工制造的工序，减轻包装重量、方便运输分流、控制包装垃圾，使其兼具实用、美观和环保等多重特性。在产品包装材料中有将近一半的材料为纸质材料，其包装形式主要以纸盒造型为主，若通过一纸成型技术即在一张纸上通过切割、折叠和粘贴而制作成型，可大大减少材料成本、节约储存空间，实现绿色包装的设计理念。

## 六、绿色印刷油墨的应用

油墨是印刷包装必不可少的材料。通过印刷可使包装表面变得美丽漂亮、缤纷多彩。一般油墨是由20%～40%的连结料、5%～15%的颜料、40%～60%的有机溶剂及0%～5%的助剂等材料组成，其中，连结料是油墨的关键组成部分，它把颜料与承印材料粘结在一块，起附着作用；颜料决定了颜色的属性；溶剂调节粘度与干燥速度，提高对印刷材料的润湿作用；添加剂则起到改善粘度、耐老化、耐候性及增加光泽等作用。经印刷后的油墨溶剂挥发后，留在印刷品中的主要是颜料、树脂和助剂，由于不同的印刷工艺对颜料的要求不同，留在包装物上的颜料成分也有不同，这些不同的颜料成分在与人体接触时会对其产生或多或少的影响，因此，使用对人体和环境都无负面影响的绿色油墨就显示出其必要性。绿色油墨是指无毒、挥发性低，且对环境、健康的不利影响降至最低的油墨，它是印刷油墨未来发展的必然趋势，是可持续发展的要求，不但会对整个印刷流程产生积极影响，还能推动企业的绿色环保进程。

## 七、用包装图形及色彩运用等视觉元素唤起人们的环保意识

图形与色彩和环境保护似乎无必然联系，但却通过视觉感受直接影响着消费者的心理认知，若产品包装附加环保标志或环保图片，就会影响消费者思维意识，提示自己勿乱丢包装废弃物。ISO14000 环境管理体系国际

标准是为促进全球环境质量改善而制定的一套环境管理框架文件，以加强公司或企业的环境意识、管理能力和保障措施，达到改善环境质量的目的。它规定对不符合该标准的产品，任何国家都可拒绝其进口，使其被排除在国际贸易之外。面对国际市场对环保包装的严格要求，包装设计人员必须深入了解出口国有关环保包装的法规、消费者环保意识的深度、绿色组织活动、环保包装发展趋势等，以便在为面向国外市场的产品做包装设计时能有效避免由于此类因素引发的不必要的麻烦。另外，在包装设计中还应考虑突出环保营销的标识，这种标识不同于环境标志，可由制造商、供应商或批发商自行设计，赋予产品特定的环境品质以取得消费者的好感，达到扩大营销的目的。以下是有关环境保护和资源回收的各种标识，其中，图 1-8-3 是中国环境标志，俗称“十环”，这个标志蕴含多层涵义，图形的中心结构表示人类赖以生存的环境，外围的十个环紧密结合，环环紧扣，表示公众参与，共同保护环境，同时，十个环的“环”字与环境的“环”同字，其寓意为“全民联系起来，共同保护人类赖以生存的环境”，有这个标志的产品表明不仅质量合格，而且符合特定的环保要求，与同类产品相比，具有低毒少害、节约资源等环境优势，建材、家电、日用品、办公用品等很多产品都有这个标志。图 1-8-4 为绿色环保标识，其中双色的箭头表示该产品的包装符合绿色环保要求，即从生产到使用直至最后回收，都符合生态平衡、环境保护的要求。图 1-8-5 是绿色食品标识，该标识是由绿色食品发展中心在国家工商行政管理总局商标局正式注册的质量证明标志，它由三部分构成，即上方的太阳、下方的叶片和中心的蓓蕾，象征自然生态，整个图形描绘了一幅明媚阳光照耀下的和谐生机，告诉人们绿色食品是出自纯净、良好生态环境的安全、无污染食品，能给人们带来蓬勃的生命力，这个标志在很多食品上面都可以看到。图 1-8-6 这个标志也很常见，这个形成特殊三角形的三箭头标志是这几年在全世界变得十分流行的循环再生标志，简称回收标志，通常被印在各种各样的商品和商品的包装上，这个特殊的三角形标志包含两方面的含义：第一，它提醒人们，在使用完印有这种标志的商品后包装后，请不要把它当做垃圾扔掉，而是把它送去回收。第二，它标志着商品或商品的包装是用可再生的材料做的，是有益于环境保护的。图 1-8-7 的分类回收标识一般贴在垃圾桶或者废物桶上，可回收物是指如玻璃瓶、牛奶瓶、金属、塑料、纸张、可乐罐等可以再次回收利用的物品，有害垃圾是指杀虫剂、过期药品、废旧油漆、废旧灯管、废旧电子、废旧电池等有毒物品，不可回收物一般是指骨骼内脏、菜梗菜叶、剩菜剩饭、果皮、果壳、残枝落叶等不可以被回收利用的废品或者垃圾，是垃圾分类的措施之一。

图 1-8-3 中国环境标志

图 1-8-4 绿色环保标识

图 1-8-5 绿色食品标识

图 1-8-6 循环再生标志

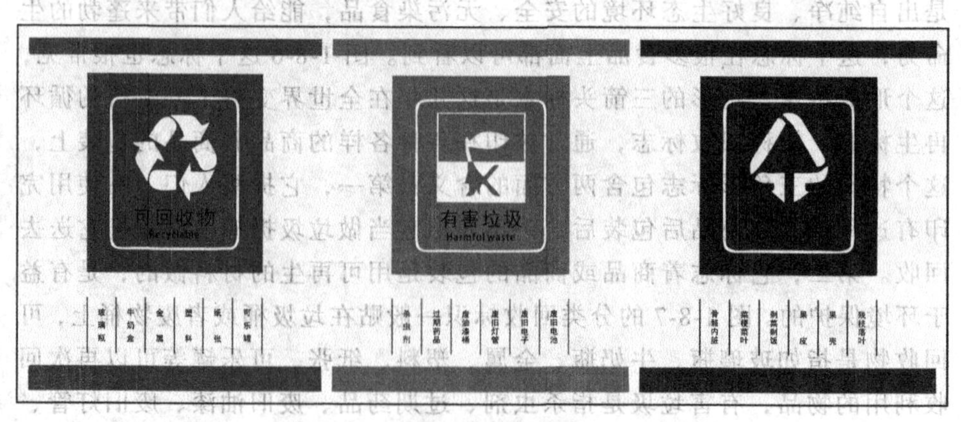


图 1-8-7 可回收与不可回收标识

## 第二节 绿色包装设计释义

### 一、“包心菜”纸碗

图 1-8-8 的纸碗使用前以包心菜的结构进行组装，使用后可进行回收利用或生物降解，从外观到材质都传达出绿色设计理念。

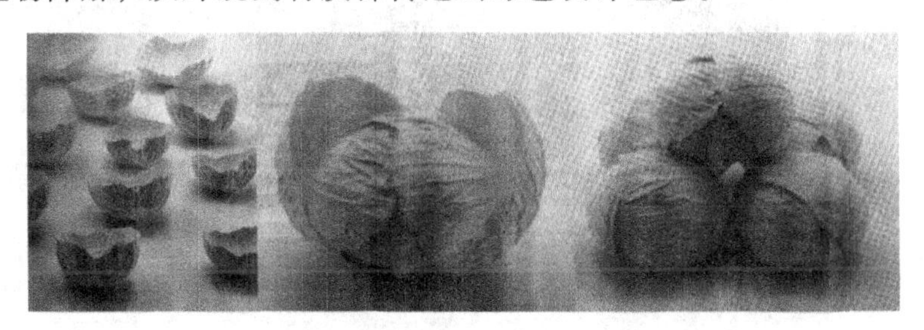

图 1-8-8 “包心菜”纸碗

### 二、“咬我吧”

“咬我吧”品牌产品以适量的健康生活理念为开发的基础。设计师在产品包装的设计过程中，对可可粉的百分比进行了仔细的研究，力图在包装上也能够充分地展现出巧克力的精确分量。添加到牛奶或其他成分中的可可粉比例越大，巧克力的含量也越大，反之亦然，可可粉的含量越少，巧克力的含量也越少。图 1-8-9 的这一包装方案运用不同的色彩对应不同的百分比（70%、80%和 90%）以及小型巧克力礼物进行了鲜明的区分。除此之外，设计师还精心地为这一包装盒设计了购物袋。整个方案运用了 100%无墨设计手法，同时为了强化包装的触感，设计师还专门运用了浮雕、模切以及激光雕刻等工艺。

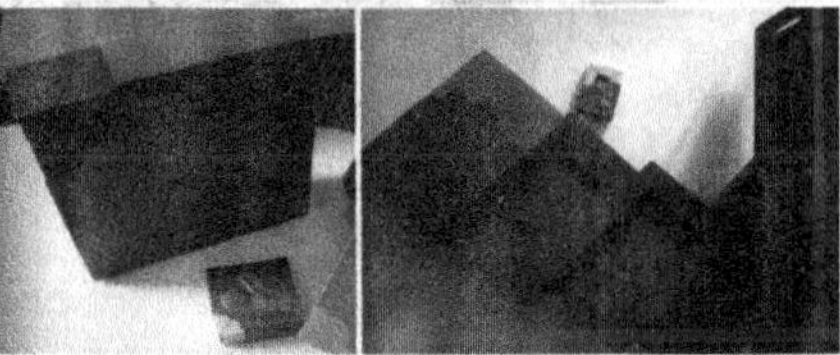

图 1-8-9 “咬我吧”

### 三、Foo.Go 包装

这个著名的快餐品牌率先引进了获奖的生物降解性食品包装材料技术

（见图 1-8-10），这些材料在理想的情况下会在 14 周内被完全分解为混合物。这种生物降解性材料的光洁度与那些非环保材料相比毫不逊色，并能使用食品级的平板印刷油墨进行印刷。此包装还使用了食品级的 PVA 黏合剂和热压密封，透明的包装窗口采用 36μm 的聚乳酸制成，突出了生物降解性的特点。

图 1-8-10　Foo.Go 包装

## 四、生态品牌推广与包装

这是一家致力于环保的网上公司，主要供应生态环保、健康时髦的宠物狗用品。这个自有品牌的产品包装经过专门的设计，减少了包装上的大量内容（见图 1-8-11），所有标签都使用大豆油墨在 100%的 PCW 纸上印刷。至于塑料包装，这家公司选择的是可完全充分利用的塑料，这个新形象成功地体现了此行业爱好乐趣与注重环保的特性。

图 1-8-11　生态品牌推广与包装

## 五、Teapot 茶壶

图 1-8-12 的茶壶产品主要用于美食和有机茶生产线，具有环保特征。

根据生态自然的基本原则，将可降解的水彩颜料用在可生物降解且可再利用的环保材料上手绘，力求减少工艺干预，打造手工产品。

图 1-8-12　Teapot 茶壶

六、Natural Tea 自然茶

图 1-8-13 的产品的设计包含三种不同规格的茶叶包装，从初级包装到次级包装，99%的材料均为环保材料。其中初级包装由有机麻布袋制成，能够保证茶叶的干燥，次级包装则由回收再利用的纸和纸板制成，环保和可持续特征十分明显。包装盒的设计以用户为本，便于使用者打开和再次使用。

图 1-8-13　Natural Tea 自然茶

## 七、Fernando De Castilla Sherry 瓶子

如图 1-8-14 所示，这个系列的标签设计使用了一种独特的、有着凸起细节的触觉纸张，纸张表面带有杂色且不平整，拥有接近手工纸的独特品质，这种优雅的特性被处于标签中心的、精制的浮雕字体强化，而浮雕的投影使标签表面的图形呼之欲出。标签底部的产品名称采用可读范围的最小字号，避免破坏整体的精致效果。整个标签采用无油墨印刷，绿色环保且突出产品的高品质。

图 1-8-14　Fernando De CastillaSherry 瓶子

# 下篇　包装设计综合应用
# ——以钦州坭兴陶产品包装设计为例

钦州坭兴陶，是传统的民间工艺品，也是广西国家级的旅游工艺品之一，它古朴典雅，历史悠久，与宜兴紫砂陶、云南建水陶一起称为我国三大无釉艺术陶，并以其独特的装饰效果和艺术魅力著称。由于地域等原因，坭兴陶发展初期仅在两广及东南亚地区为人熟知，而内地对它则比较陌生，也未能引起学术界的重视。近年来，为振兴坭兴陶产业，加快坭兴陶产业发展，打造钦州坭兴陶品牌，钦州市政府发布《钦州市人民政府关于加快坭兴陶产业发展的若干意见》（钦政发〔2007〕8 号），从政策方面给予大力支持。2008 年，国家批准实施《广西北部湾经济区发展规划》，而钦州正处于北部湾经济区核心地带，坭兴陶产业的发展也遇到前所未有的契机和机遇。

钦州坭兴陶产品颇具特色，深得好评，但其产业发展和品牌建设却一直处在一种比较尴尬的境地，这其中自然有诸多影响因素，经笔者调查研究，发现坭兴陶产品包装设计存在单一化、同质化等问题，其产品包装设计与发达的现代化市场经济格格不入。因此，改进坭兴陶产品包装，提高坭兴陶产品包装水平，促进坭兴陶产品销售，已是迫在眉睫、亟须解决的问题。产品包装设计是现代生产企业市场营销活动的重要内容，良好的包装设计不仅能够保护产品，解决运输过程中出现的问题，还能够增加产品附加值，起到间接的促销作用。本书对坭兴陶产品包装设计的研究，在解决技术层面问题的基础上，为钦州坭兴陶企业品牌建设提供指导意见。本文通过调查研究目前钦州坭兴陶产品包装现状，指出坭兴陶产品包装设计的缺失，并提出全面提升坭兴陶产品包装设计水平的构想，希望能为坭兴陶产品包装设计的改进提供启示，为推进坭兴陶企业及坭兴陶产业的发展尽绵薄之力。

由于本选题较偏，从目前所掌握的相关文献和图片资料来看，鲜有专门从事坭兴陶产品包装设计的研究，基本是对坭兴陶本体的研究论述，相关的研究成果也只是基于坭兴陶展开，如民国的《钦州县志》、2000 年由广西人民出版社出版的《钦州市志》等对坭兴陶的起源与发展有所论述，但没有涉及其包装的资料；由钦州坭兴陶工艺美术研究所丁艺主编的《红陶春秋》《钦州坭兴陶产业发展研究》等著作，对坭兴陶的特色、生产工艺、装饰手法、发展对策等有较为详细的论述，但同样对其产品包装设计鲜有论述；期刊论文中，《广西钦州坭兴陶的兴衰与发展》《钦州坭兴陶艺术风格流变及其地域性特征》等文章也较注重坭兴陶的历史和艺术特色的研究，而从坭兴陶产品包装设计角度展开研究的基本没有。整体而言，从包装设计角度专门论述坭兴陶的专著和论文甚少，有针对性的研究文献也比较少，使笔者研究坭兴陶产品包装并对其进行设计创新鲜有历史可依、亦无前车可鉴，但正因如此，使笔者在对坭兴陶产品包装的创作中拥有更大的发挥空间。在零星的资料和论著中查询丝缕线索，对坭兴陶的起源与发展、地域文化、生产工艺、装饰手法等进行研究；通过相关文献资料检索、搜集，并整理国内外陶瓷包装设计的相关资料，掌握陶瓷产品包装设计的动态和进展趋势，并对相关资料进行归纳、总结，为本文提供理论依据；通过对坭兴陶相关企业进行实地考察，了解坭兴陶产品的包装现状，从与产品包装从业人员的交谈访问中，寻找并总结与坭兴陶茶具产品包装有关的问题；通过跨区横向比较研究其他陶瓷品类产品包装流变，分析陶瓷产品包装设计当中的共性；结合现代包装设计工艺与设计理念，探讨坭兴陶产品包装设计的发展策略和改进措施，寻求适合具有区域特色的坭兴陶产品包装设计的理念和方法及合理发展思路。需要特别指出的是，本文主要论述坭兴陶产品主要涉及茶具及其他小型工艺品。

# 第一章 坭兴陶产品包装概述

坭兴陶唯钦州独有，虽古朴典雅、历史悠久，但在近现代历史中其产业发展一直较为尴尬。随着北部湾经济区的发展和钦州市政府的着力推介，加上坭兴艺人及陶瓷学者的积极参与，使坭兴陶产品名称在业界颇受好评，但在品牌建设及品牌形象塑造方面，与同居中国四大名陶的宜兴紫砂陶相比，还存在较大差距。坭兴陶作为具有典型地方特色文化的工艺品是地方政府用于国内及国际交流的重要馈赠纪念品之一，与此同时，受国人饮茶习惯及茶文化的影响，作为钦州地方特色产品的坭兴陶茶具，深受两广文人墨客偏爱。坭兴陶产品虽好，但其产品包装远落后于产品本身，无法与之相匹配，因此，深入了解坭兴陶产品包装现状对于研究其包装再设计具有重要的借鉴及指导作用。

## 第一节 坭兴陶产品包装现状

### 一、品牌意识不足

“产品是在工厂所生产的东西，而品牌则是消费者所购买的东西。产品可以被竞争对手模仿，但品牌则是独一无二的。产品很快会过时落伍，而成功的品牌是持久不衰的。”①品牌是可以令产品升值的一种无形资产，是消费者对产品以及企业形象、文化、服务等的情感认同。现代包装设计赋予包装更多内涵，它既是企业促销商品的最佳手段，也是企业的形象表征。包装设计的结构、材质、色彩以及设计风格等可使产品与消费者之间无形中建立稳定的情感联系，提升品牌可信度。

钦州坭兴陶产品虽有些知名品牌，但在品牌建设上，与诸多国际陶瓷品牌形象包装差别甚大。钦州坭兴陶产品质量虽佳，但由于缺乏产品包装的品牌化建设，无法在消费者心中形成特定的品牌印象。钦州坭兴陶企业普遍存在产品包装品牌意识不足的问题，缺乏对产品包装与品牌建设的认

① 刘霞. 论包装对品牌建立的多重作用[J]. 包装工程，2004，25（3）：236~238.

识。市场上多数产品都只用“坭兴陶”这一产品名称，而鲜有企业产品的品牌名称，把坭兴陶的产品名称和品牌名称合二为一的现象甚为普遍，品牌建设无从谈起。反映到坭兴陶产品包装上，即其产品包装盒的单一化，这种“通用性”包装盒如同枷锁一样锁住了坭兴陶产品包装发展的道路，与此同时，坭兴陶产品包装的结构与材料、色彩、图形、字体以及版式设计等方面也存在模式化，此种产品包装不仅不能成为品牌载体，还在很大程度上影响了坭兴陶产品品牌的建立与推广，更谈不上通过产品包装来塑造和推进坭兴陶品牌的发展。

总而言之，良好的品牌包装设计是实现坭兴陶商品价值的重要手段，它对提升品牌形象，增强产品竞争力有重要的战略意义。抓住坭兴陶产品的唯一性和稀缺性特征，如何运用现代包装设计方法，结合现代色彩观念、图形创意、文字设计和版面编排等手段打造良好的品牌包装形象，已是亟待解决的问题。

## 二、对包装设计的目的和功能重视不够

“现代包装设计是将形状、结构、材料、颜色、图像、排版式样以及其他辅助设计元素与产品信息联合在一起，使产品更适于市场销售的创造性工作。包装的目的是为盛放商品，对其进行运输、分配和仓储，为其提供保护并在市场上标示产品身份和体现产品特色。包装设计以其独特的方式向顾客传达出一种消费品的个性特色或功能用途，并最终达到产品营销的各种目的[②]”。

一般而言，包装设计工作的目标应根据具体产品或品牌的特殊情况而定，就坭兴陶而言，合理的产品包装设计可以达到体现该产品的独特之处、提升该产品的魅力和价值、保持该品牌旗下各种产品的一致性、加强该产品在陶瓷产品种类或门类中的独特地位、研发出适合该产品种类的独特包装形式、为降低成本、更加环保或增强实用功能等目的而采用新材料、研制创新的包装结构。从坭兴陶产品包装设计的功能来讲，一是指其自然功能，即物质功能或实用功能，它能保护坭兴陶产品的形态、质量、性能，保证消费者安全使用该产品，并能方便开启使用、生产加工，方便仓储保

② [美]玛丽安·罗斯奈·克里姆切克，桑德拉·A·克拉索维克. 包装设计：品牌的塑造[M]. 上海：上海人民美术出版社，2008. 33.

管与信息识别，方便商店货架陈列展示与销售，方便包装废弃物的分类回收处理等；二是指其社会功能，也称精神功能或审美功能，它能引导消费者正确消费，体现坭兴陶茶具产品的文化品位，创造其附加值，体现企业的品牌信誉和钦州地区的政治、经济、文化艺术面貌，促进人们生活方式的改变与生态环境保护意识的提高等。

就目前钦州坭兴陶产品的包装设计而言，总体来看并不理想。钦州坭兴陶生产厂家多为中小企业，大多数没有独立的产品包装设计研发部门，多数为委托设计生产。其使用的单独包装大多数是单一的固定纸盒结构，形式单一，且仍然使用并不环保的聚苯乙烯等发泡塑料作为内部缓冲材料，其包装设计与坭兴陶本身形成较大的反差，从长远发展的眼光来看，并不利于坭兴陶产业的发展。

## 三、专业包装设计缺位

陶瓷产品属于易碎品，其包装设计需要依据陶瓷产品的属性、形态采用相应的包装材料和特定的设计要求进行创作。陶瓷包装设计服务于陶瓷商品的储运和销售，要与商品有机地结合成完美的整体，它涉及物理学、材料学、经济学、力学、美学、心理学、设计艺术学等诸多学科，是综合性的现代科学技术，需要从事专业包装设计人才的介入。

就目前而言，国内专门从事陶瓷包装的设计公司和设计人才凤毛麟角，而钦州市目前尚属于欠发达省市的欠发达地区，没有专门的陶瓷包装设计公司也在情理当中。据作者了解，目前在陶瓷包装领域最活跃的莫过于景德镇市春涛包装有限公司。从事包装行业 37 年的景德镇市春涛包装有限公司总经理赵水涛为景德镇市陶瓷产品包装进行彻底的变革，走出了陶瓷“创意包装”的道路，也为景德镇陶瓷生产企业带来了真正的产值和利润。景德镇春涛包装有限公司现已成为全国 A 级设计机构、江西省陶瓷包装科研开发基地、景德镇市陶瓷包装研究开发中心、景德镇包装装潢设计 A 级单位，连续三届荣获江西省先进包装企业称号，并被江西得雨活茶股份有限公司、江西省轻工业陶研所、江西省陶研所、景德镇陶瓷股份公司、玉风瓷厂等众多知名企业指定为包装设计制作单位。

笔者认为，钦州坭兴陶产区也应该寻找适当的时机成立专业的陶瓷包装设计机构，或聘请专业的陶瓷包装设计师进行坭兴陶包装的设计，为坭兴陶产业的良性发展服务。

## 第二节　坭兴陶产品包装再设计的必要性

坭兴陶自身特性及价值决定了其社会及经济潜力，但坭兴陶产品包装现状阻碍了企业发展的脚步，也不利于产品发展进程，对坭兴陶产品包装再设计是适应市场变化的方式，是改变陈旧包装模式和杂乱包装市场的手段。而从坭兴陶在社会、生活和文化等方面的身份属性来看，其包装变革具有更深层的含义。

### 一、科技因素

科学技术贯穿于包装的发展历程，是推动包装发展的直接动力，也逐步改变坭兴陶产品包装形式，从最早的草绳捆扎、草包包装，到现在的锦盒包装、竹盒包装、木盒包装等，每一种包装形式都是当时社会科学技术的体现。科技的发展给坭兴陶包装设计提供更多新型的材料和生产工艺，与此同时，也给坭兴陶产品包装市场带来问题：大量选用聚苯乙稀等发泡材料作内部缓冲材料，造成了“白色污染”的问题；各种不同材质的包装材料堆叠出的过度包装，严重影响包装废弃物回收处理，增加包装回收材料分离的难度；由于包装结构的不合理造成加工过程材料的大量浪费等。

随着社会的发展，科技对于包装技术的推动主要体现在对于新型材料的研发和对包装技术的创新，其中新型材料的研发为包装展现多种表现手法提供可能，而包装技术的创新提供多种包装形式和设计语意，新型材料的研发和包装技术的创新解决了包装在生产和废弃过程中对环境产生影响的问题，并从技术层面解决了人们对于包装功能性的需求，为坭兴陶产品包装设计的革新提供了多种表现形式。

### 二、经济因素

坭兴陶产品种类繁多，生产企业多为中小型企业，由于品牌意识薄弱，多数企业没有自身的企业特色和完善的品牌形象系统，企业间差异性小，其产品和包装别无二致，这就导致坭兴陶产品市场的同质化现象越来越严重。差异化策略是企业在保证产品质量的先决条件下争取市场份额的主要竞争手段。它源自企业自有文化，表现在企业所生产产品及包装上。在市

场不断变化，商品不断更新的消费浪潮中，任何产品都有其生命周期，不会永久畅销，包装也一样遵循着由新到旧、由新生到高潮再到消退的周期规律，商品市场就是在无数个新生—高潮—消退的潮流中向前发展迈进，坭兴陶企业只有迎合市场需求，在不断的实践中寻找创新，才能保证企业的持续发展，在目前陶瓷包装产业整体不乐观的情况下，其包装也同样需要在与企业形象高度统一的前提下，在包装材料、包装结构和包装风格上不断创新，避免消费者对其形象丧失新鲜感，影响产品的销售和企业的经济效益。包装设计是产品营销的组成部分，而营销是企业获取经济效益的手段，企业要想在经济上取得更高的效益，就需要对其产品包装进行不断创新，以保持企业在市场中的竞争力，而系统化、品牌化的产品包装形象才能推动企业产品的销售走得更广，走得更远。

## 三、文化因素

著名人类学家格尔兹认为:“文化是一种通过符合在历史上代代相传的意义模式。它将人类所传承的观念表现在象征形式之中。通过文化这一符合体系，人们得以相互沟通，延绵传承，并发展出对人生的知识和对生命的态度”[③]。文化本身是人类发展史上所有事物的综合概念，具体到物质的产品上，即创造性的物质改造，也就是设计的直接产物。“艺术设计受到文化的制约，同时它又在设计某种文化类型。艺术设计师通过设计新器物以改变文化价值”[④]。包装设计是连接物质产品和文化的桥梁，在传承传统文化的同时又创造着某种新型文化。坭兴陶产品包装现状给人们的印象是大、是空、是俗，折射出国人喜好大气形式的审美观又未能准确表现其精神内涵、意义偏离的包装形式，这既是产品文化和包装形式的断层，也是包装文化和消费者之间的断层，只有注重民族传统文化与现代设计理念的结合，注重现代人的审美意识和传统文化的对接，并创造性地植入到坭兴陶产品包装设计中，才能逐渐修缮这种断层，深入人们内心并为消费者所接受。坭兴陶产品包装设计在演绎民族传统文化的同时，适当考虑现代人追求简约而有内涵的审美观念，在坭兴陶产品包装中纳入现代文化元素，使坭兴陶以包装为载体在古今文化与东西方文化的糅合里继承传统文化并创造新的文化属性。

---

③ 转引自王铭铭. 西方人类学思潮十讲[M]. 桂林：广西师范大学出版社，2005，117.

④ 凌继务，徐恒醇. 艺术设计学[M]. 上海：上海人民出版社，2000，10.

## 四、情感因素

社会发展初期时经济发展缓慢，物质的需求是人们最关心的问题，随着商品经济的发展，人们逐渐从物质需求往精神需求转变，对于商品物件的需求也超出其本身具有的物理功能，转而向生理与心理功能靠近。著名情感理论家 Carrolllzard 说过："情感是一种主观体验、态度或反映，是感情和情绪的有机统一，是客观世界作用于精神世界而产生的主观反映。也就是说，情感是人对客观事物是否符合自己需要的态度和体验。"⑤因此，对于现代市场经济不可或缺的包装而言，其实质形式也被注入更多的情感因素，以促进商品经济的发展，丰富人们的精神文化。

现代包装设计注重人文关怀，从产品属性出发，以人的需求为中心展开，但坭兴陶产品包装现状凸显出对消费者情感需求的忽视和人文关怀的缺失。由于钦州地方高校对于坭兴陶产品设计专业的重视与政府扶持，近年来从事坭兴陶产品设计生产的人越来越多，坭兴陶产品市场已供大于求，若要在其目标市场争取更多的消费者和更高的市场份额，需要了解消费者的消费心理与情感诉求，并通过产品包装设计表现出来。首先，面对产品包装的同质化和人们求新、求变、求异的消费心理，个性的视觉形象和新颖的包装结构会率先刺激消费者的感官，引导消费者进一步接触体验以获得最后的认可。如传统包装锦盒，以绸缎与泡沫等元素营造的"高档次、高品质"已充斥坭兴陶包装市场，若以瓦楞纸盒，经过巧妙的结构和简洁的装饰风格打造绿色包装设计理念，满足消费者追求差异化的消费心理并顺应社会环保意识，更能获得消费者的青睐。其次，高品质的生活方式是人们选择商品的另一大消费心理。在包装行业，这种"高品质的生活方式"往往被曲解，如同月饼的过多包装一样，坭兴陶产品包装趋势也在通往过度包装的道路上越来越近，这种看似华丽的表象凸显出来的是内涵的贫乏，这种被曲解的"高品质的生活方式"的包装不能满足消费者对优质生活状态的追求。包装设计人员只有真正钻研消费心理，满足消费需求，赋予情感体验，增加包装的人文关怀因素，对坭兴陶产品包装进行革新与重塑，才有可能让消费者从内心深处对其接受并认可，使坭兴陶在人类社会、在人的心里走得更深更远。

⑤ 罗莎琳德皮卡德，刘慕义（译）. 情感计算[M]. 北京：北京理工大学出版社，2005.

# 第二章　对坭兴陶产品包装设计创意表现的分析

## 第一节　坭兴陶产品包装设计定位

### 一、产品定位

通过对坭兴陶产品定位能使消费者清楚地了解该产品的属性、特点以及应用范围和使用方法等。

首先，从商品的外部形象来看，坭兴陶，学名“紫泥陶”，质地结实，音质铿锵，色近紫而隐现赭黄。它具有以下特点：一，质地优良，坭兴陶采用钦江东西两岸特有的紫红陶土为原料，经过球磨、淘洗、过筛、压滤、练泥、成型、雕刻、烧成、打磨等多道工序，烧成后敲击声清脆，颜色素雅大方、无毒无味，独具透气而不渗水的天然双重结构，其本身就是一件难得的包装容器。二，不施釉色，其制品经过多次人工磨光，色泽温润光亮，经久不失，具有多彩（古铜、紫红、铁青、金黄、墨绿等多种色泽，以及天斑、虎纹等纹路变化）的“窑变”效果。三，造型传统，坭兴陶讲究器型的完整统一，强调线条的含蓄变化，追求严谨的对比统一，讲究韵律感，继承了明、清以来优秀的造型意境及风格。四，装饰手法多样，多采用传统的雕刻技法，采用堆、雕、剔、刻，还有镂空的技法，题材多采用山水、花鸟、人物、传统图案和书法等。在对坭兴陶进行产品定位时，可通过摄影等写实性较强的技术来将坭兴陶产品作直观展示。

其次，从商品的产地考虑：据考古资料引证，钦州地区制陶历史悠久，最早可以追溯到新石器时代晚期，至明、清两代，民间的碗窑、砖窑、缸瓦窑已遍布全县各地，这些都为坭兴陶的良性发展打好了充足的工艺技术基础。清咸丰年间，钦州制陶正式进入“坭兴”阶段，其工艺不断改进，应用范围不断扩大，深受人们喜爱，坭兴陶很快繁荣起来，而当地文人、画师的参与，也促使坭兴陶成为名副其实的工艺品。同治、光绪年间（1862年—1908 年），坭兴陶有了长足的发展，也出现了像“黎家园”“仁义斋”“符广音”“麦兴记”“潘允馨”等有名的店号，坭兴陶产品也初步出现品牌化的趋势。“光绪、宣统年间（1875 年~1911 年），钦州坭兴陶已驰名于邻近各省，并逐渐为国际社会所认识[6]”。钦州的地质特征和历史文化给坭兴陶产业的振兴和发展提供了丰富的物质和文化基础。

再次，从商品的用途来考虑：本书下篇一开始已注明本著作所论述的坭兴陶产品的范围，其用途具有针对性，若抓住这一点，将其包装设计定位于“专项专用”这一特殊效能上，在销售导向的配合下，必将会迎合一些消费者的心理。

最后，从商品包装的色彩来考虑：为能够达到准确定位的目的，可采用与坭兴陶相关的色彩（例如“形象色”）来反映其产品特性，通过色彩的象征性达到诉说、表现坭兴陶产品的目的。这点在本书作下篇第五章第一节中有详细论述。

二、消费者定位

在整个销售过程中，消费者是主要环节，所以以消费者作为定位前提无疑是一个极好的战略。消费者定位是指对产品潜在的消费群体的年龄、性别、职业、消费层等多方面进行定位，依据消费者心理和购买动机，寻求不同需求并不断给予满足。对消费者进行分析并不是满足所有消费者的需求，而是找出与企业产品状况最匹配、最合适的消费群体，并集中运作去满足这部分消费者的需求。在设计构思的过程中，此方面是万万不可忽视的。

作者认为，坭兴陶产品目标消费群体分为以下几个：

（一）文人雅士

喜欢坭兴陶的古朴典雅，多为自己与友人之间交流和把玩。其包装应素雅、精致。

（二）馈赠友人者

赠予对象多为成熟、稳重、儒雅之士，作此用的坭兴陶产品的包装需往礼品包装的方向进行设计。

（三）收藏爱好者

注重坭兴陶本身的特质，其包装要真实地反应内部产品，突出坭兴陶产品的文化价值与收藏价值。

⑥ 平有舜. 试论坭兴陶的历史沿革和艺术特点[J]. 南京艺术学院学报，1985，（04）：39.

（四）政府

可用作政府之间进行文化交流的载体，作此用的坭兴陶产品的包装需往礼品包装的方向设计，其特点要高贵、端庄，可采用镶嵌或镂空技术。

（五）高校

钦州地区乃至广西高校与外界交流的媒介，作此用的坭兴陶产品的包装需往礼品包装的方向设计，需突出学术气质，可多做尝试性的艺术创新。

（六）其他

诸如商人之类，在其办公或商业空间摆上此物，以彰显自己的风雅之气。

准确把握各个消费群体的心理特征及购买动机，可以给坭兴陶产品包装设计改革指明方向。在设计过程中，把握好针对不同消费群体的产品包装设计的向度，是坭兴陶产品包装成功的根本。

## 三、品牌定位

品牌定位是在产品定位、消费者定位的基础上，对坭兴陶茶具在文化取向及个性差异上进行的商业性决策，是为坭兴陶茶具确定合适的市场位置，使其在消费者的心中占据一个特殊的地位，是建立与目标市场有关的品牌形象的过程。它是品牌建设的基础，是品牌经营的首要任务和成功的前提。其目的是将坭兴陶产品转化为品牌，利于潜在消费者的正确认识，充分体现坭兴陶产品的独特个性和差异化优势。

坭兴陶企业应根据产品定位和消费者定位，从主客观条件和因素出发，找准市场空隙，细化品牌定位。实践证明，任何一个品牌都不可能为全体消费者服务，进行市场细分并正确定位是坭兴陶产品赢得市场的必然选择。唯有明确的品牌定位，才会有明确的个性和品位，进而成为部分消费者品位的象征，使消费者得到理性与感性的满足，形成稳定的消费群体。以品牌定位的坭兴陶产品包装设计，其材料选择要低碳且出奇制胜，其包装结构要合理且独具特色，其主要展示面要清晰而信息明确，另外，坭兴陶产品自身的形状和色彩均属重要的促成因素，故其包装的造型、文字及色彩都应充分反应坭兴陶产品的特征与艺术魅力。

在坭兴陶产品包装设计定位分析中，对于品牌、产品、消费者这三项因素不能孤立地考虑和运用，在坭兴陶产品包装设计实践中应当以一项因素为主导，其余两项与之配合。

## 第二节 坭兴陶产品包装设计理念探析⑦

设计理念是设计师，为达到设计目的，在设计开展前期的构思过程中确立的指导设计的主导思想，是运用于设计整个过程的理论化的对客观事物认知的思想观念。它赋予设计作品灵魂和丰富的内涵。坭兴陶产品包装设计理念应以可持续发展为视角，以人文关怀为核心，在具体的设计实践中利用视觉元素刺激人的感官，引导消费者自主探寻其设计理念及蕴藏的深层含义。

### 一、人文关怀为核心

美国心理学家马斯洛认为：人类的需求是由低到高的递进过程，它包含五个方面："一是基本需求，即生理需求；二是安全需求；三是归属和爱的需求；四是自尊需求；五是自我实现的需求⑧"，这五类需求可概括为人的生理需求、心理需求和文化需求。

#### （一）刺激感官

产品包装所具备的结构、造型、色彩、图形、文字等视觉元素在传递产品的物质性特征及基础性特征的同时，也刺激着消费者的视觉感官和触觉感官。对于坭兴陶产品包装来讲，诸视觉元素只有将坭兴陶产品的物质属性准确表达，才能满足消费者对其产品包装的生理需求，坭兴陶产品的物质属性决定了其包装设计元素的选取和应用，这些被选取并应用的元素传递的信息要能在第一时间抓住消费者的眼球，以满足其生理需求，这是包装设计的第一步，也是坭兴陶产品包装设计要达到的基本要求。

#### （二）引导体验

美国设计家普洛斯说："人们总以为设计有三维：美学、技术和经济，然而更重要的是第四维：人性。"⑨对于人性有更多关注和考虑的设计侧重在消费者的心理诉求。坭兴陶产品包装是连接坭兴陶产品和消费者的桥梁，是强化坭兴陶产品和消费者沟通的媒介，它所包含的信息元素通过感官刺激使消费者进行自主情感体验，所以包装能否促使消费者作出最终购买行

---

⑦ 唐文．日用陶瓷包装的再设计研究[D]．湖南工业大学

⑧ 亚伯拉罕·马斯洛，许金声（译）．动机与人格[M]．北京：中国人民大学出版社，2007.

⑨ 张铁．设计中的第四维—人性—新世纪关于设计人性化的思考[J]．艺术百家，2002，4.

为的关键，在于能否满足消费者心理的需求。这种针对满足消费者心理需求、引导体验的坭兴陶产品包装设计就需要站在消费者的角度，为其进行专门的设计，让消费者感受到产品及其包装对使用者的关注和重视，并从心理上给予满足。

（三）文化归属

陶瓷作为具有中国特色的物质文化遗产，是中国民族文化的重要组成部分，其独特的文化内涵决定了陶瓷作为商品的独特性。坭兴陶作为中国四大名陶之一，是中国地方民族文化的载体，而坭兴陶产品包装则是这种文化的展现平台，所以，在坭兴陶产品包装设计中，需融入民族文化、地方文化和企业品牌文化等，以满足消费者的文化需求。民族文化涵盖民族的传统文化和现代文化，可为坭兴陶产品包装设计提供无尽的创意源泉。随着国家之间文化交流的日益频繁，文化的交融也影响到国人的价值观、审美观和消费观，但对于本民族的文化价值观的认识应深入骨髓，坭兴陶产品包装应把握文化本位的内涵，在传统审美中提取精华，并与现代人的审美特点相契合，设计具有民族意蕴的坭兴陶产品包装；地方文化以其独有的民俗、建筑、语言等当地特色所构成的地方独有的文化，坭兴陶是钦州地区的物质文化，具有钦州地方特色，其产品包装设计在表现坭兴陶产品特点和属性的基础上，将钦州地方文化融入其中，这对于生长在钦州的人及在外的游子，有文化的归属感，对于非当地人来讲，这种具有地方文化的产品及包装设计给他们带来新的文化认知，满足多元文化的需求；企业品牌文化具有企业自身的特色，是企业品牌的灵魂，它所具备的情感内涵是企业品牌最能触动消费者心灵的核心，是获取更多消费者、赢得更高市场份额的关键，注重企业品牌文化在包装中的渗透，是强化企业品牌形象和赢取市场份额的直接手段。

## 二、绿色生活方式为导向

作为包装设计主导者的包装设计人员必须从设计意义的层次审视坭兴陶产品包装设计，用合适的方式传达对环境保护、对人的生活方式关注的包装精神，在设计中寻找并引导大众自主平衡人的生活方式与环境之间的关系。坭兴陶产品包装设计创新就是要大众在接触包装伊始，从视觉、触觉到后期情感体验中作为参与者从被引导到主动探索与产品包装的交流，体现包装与人的和谐关系的同时，以绿色生活方式为导向，坚持人与自然的可持续发展。

在环境问题日益凸显的今天，人们的绿色环保意识逐步加强，包装设计领域也提出绿色包装设计的概念，利用先进的科技从物质和技术层面实现绿色包装设想，如通过研发新型环保材料从而有效减少不可循环材料的使用，达到降低对环境的影响的目的，提升工艺技术在生产制造过程中合理利用包装材料以降低资源材料的浪费；提高包装废弃物的回收率等，但这仅仅是包装设计行业对绿色生活方式的外界因素考虑，缺少对消费者自主打造绿色生活方式的引导。

保护环境是保证人们优质生活持续发展的基本，坭兴陶产品包装再设计在材料选取和工艺支持传递绿色环保观念的基础上，通过设计的智巧性，引发人类共同价值观念和唤起人们绿色生活的行为，让消费者自主发现、探索包装传递出来的绿色环保观念，唤起消费者的绿色环保意识，并作为绿色生活方式的主导者，自主打造绿色生活方式。

## 第三节　对坭兴陶产品绿色包装设计的相关思考[⑩]

近年来，随着包装与环境的矛盾日趋显著，包装对人类社会的影响也逐渐成为人们研究的重点。在自然环境日趋恶化、污染持续加重、自然资源日渐枯竭、人类面对未来自然生活的恐慌不断加剧的时代背景下，将包装设计与自然环境相结合是包装设计的正确研究方法。绿色包装设计是可持续的设计方法，伴随着科学技术的进步和社会文化的发展，绿色包装必然成为人们生产生活和商品交易的重要组成部分，因此，如何正确评价绿色包装设计方法和对其进行正确导控，关系着包装及相关产业未来发展之路。

绿色包装又称为环保包装、生态包装等，这一概念的提出源于1987年联合国环境与发展委员会发表的《我们共同的未来》，主旨为保护环境、节约能源、促进能源再回收循环利用。坭兴陶产品绿色包装设计，是将绿色包装设计理念结合坭兴陶产品包装设计的一种设计方法，能有效降低坭兴陶产品包装行业中的能源消耗，以科学合理的方法充分利用再生资源、减少自然资源的浪费，使包装在其整个生命周期中尽可能减少对环境的影响。研究坭兴陶产品绿色包装设计，应从包装系统局部问题和包装系统综合问题两个方面着手，其中包装系统局部问题的研究为坭兴陶产品包装设计提

⑩ 黄缨媛．日用瓷器包装的设计方法研究[D]．湖南工业大学．

供解决问题的依据，加深对所遇问题的理解，并以此激发设计构思，它是包装系统综合问题的前提。包装系统局部问题和包装系统综合问题是系统论的基本方法，以此来研究坭兴陶产品包装设计，将其设计中的各个环节和各个因素作为局部，设计的整个过程作为整体，用最基本的局部与整体结合的方法，把握坭兴陶产品包装的局部和整体的大方向，实现绿色包装方法在坭兴陶产品包装上的和谐高效目标。

坭兴陶产品绿色包装不仅是对坭兴陶产品的简单保护，更反映了当今社会对文化、环境、资源的深刻认知。现代设计作为人类改善生活的方式，已经渗透到了社会生活的各个方面。随着人类认知水平的逐渐提高、深化和上升，人类的设计也必将随着自身认知的提高走向更高的境界，由不自觉走向自觉；由追求物质需要为主到两者兼顾并以追求精神享受为主；由对功能的满足进一步上升到对人的精神关怀；由以人为中心上升到关心自然的生态，与其他物种和谐并存，坭兴陶产品包装设计也将围绕设计与自然、设计与环境、设计与人的关系展开，而如何设计出符合自然环境和人文环境的优秀的坭兴陶产品包装，以及如何将绿色包装设计理念融入到坭兴陶产品包装并导入消费者的生活，就成为包装从业者必须要考虑的问题。通过政策的引导、设计教育的提升、消费意识的提升等几个方面规划探究绿色包装设计方法导入坭兴陶产品包装设计实践的原则及必要性，分析并指出在导入过程中存在的问题及解决方法，使坭兴陶产品绿色包装设计方法能更快更好地应用于生产实践。

## 一、加强政策的引导与保障

坭兴陶产品绿色包装设计方法的实现与政府政策的引导与保障措施的出台密切相关。如何发挥政府的导向作用、引导企业生产绿色坭兴陶包装产品和提高公众的绿色消费意识，直接影响坭兴陶产业的可持续发展战略和未来发展之路。通过加强政策的引导与保障，实施环境保护标志计划和倡导绿色消费观念等措施，加大坭兴陶产品绿色包装的宣传力度，使消费者了解购买绿色包装的坭兴陶产品既能减少对健康的危害，提高生活质量，还能减轻国家为改善环境质量投入的资金压力，通过出台政策将生产与消费导向于绿色设计、加大对绿色包装生产企业的资金支持、加大对坭兴陶产品绿色包装的宣传力度等方式开展政策的引导与保障，使广大群众行动起来，促进包装研发进程及唤起生产企业从包装产品的研发、设计、生产、使用及回收处理的每个环节都注重对环境的影响的意识，达到预防污染、保护环境和增加效益的目的。

## 二、确立并完善相关法规及标准

我国于 1993 年制定并通过《国家国际标准化法》《国家产品质量法》《定量包装商品计量监督规定》等，是规范产品包装生产、流通、销售和保护消费者权益等的重要法律依据，并通过其独特的强制性逐步加大规范绿色包装的力度；1989 年出台的《中华人民共和国环境保护法》规定产品在生产、加工、包装、运输、储存、销售过程中应防止污染物的生产，储存、运输、销售、使用有毒化学物品和含有放射性物质的物品，必须遵守国家有关规定，防止环境污染；2005 年的《中华人们共和国固体废物污染环境防治法》对产品和包装物的回收处理做出一系列规定。尽管如此，有关包装的法律、法规依然不够完善。随着科技的进步和包装材料及包装技术的不断更新，部分法律法规已经不再适应现代包装行业的发展，许多发达国家纷纷制定新的绿色包装新法规，又称“绿色贸易壁垒”。因发达国家的科技暂时处于领先地位，其制定的适用于他们的法规限制了相对落后包装产品的出口，也给我国产品出口带来了障碍。在此背景下，中国及地方政府应据国家发展现状并参考发达国家的绿色包装相关立法出台新法规：通过对坭兴陶产品的体量、坭兴陶产品与包装的间隙、包装层数、包装成本与商品价值的比例等设定限制标准；通过经济手段控制，对不可回收的包装材料收取包装税，如比利时对垃圾过量的收费，引导消费者选择简易包装；加大坭兴陶产品包装生产者的责任及处罚力度，规定坭兴陶产品包装生产者负责包装材料的回收处理，使其自主选择易回收利用的包装材料。通过确立和完善国家及地方政府的包装法规及标准，促进坭兴陶产品绿色包装行业的正确发展。

## 三、注重包装设计专业教育

由于我国包装设计行业专业程度普遍偏低，多数包装从业者知识结构不全面，缺少多学科交叉培养学习的经历，缺乏对国际包装行业标准的了解和对包装设计行业未来发展方向的把控，使得我国包装设计行业不能满足现代社会经济发展及经济全球化的要求。二十一世纪的商业竞争即人才的竞争，人才是现代社会发展的重要组成部分，绿色包装方法是否能成功融入到坭兴陶产品包装设计并导入社会生活，与包装设计专业人才的教育培养有着密切关系。包装设计专业教育可从两方面着手：一是积极推进绿色包装设计的教育改革，使绿色包装设计教育与绿色设计的理论内容相符合，让包装设计专业学员有针对性地学习，将教学与实践内容紧密结合，并根据不同学员的实际水平及接受能力，由表层文化向深层文化逐步推进，逐步培养学习者的自我研究能力，同时，抓住主流、前沿、有发展的观点，益于学生掌握绿色包装的本质内涵，从教育着手，培养具有绿色包装设计理念和相关专业知识的包装设计人才；二是提高现有包装设计人员的绿色包装专业知识及个人素养，坭兴陶绿色包装设计能否成功融入社会，与设计师的个人能力有密切关系，设计师应注重对本土文化的理解，提升个人素养，并及时提升自已的设计能力。

### 四、提升绿色消费意识

绿色消费意识的提升是面向广大消费者的，消费者作为“上帝”主宰着产品作为商品在市场上流通的最终命运。但消费大众的绿色消费意识不高，是坭兴陶产品绿色包装设计面临的问题之一，需要通过和政府部门、生产企业及设计、教育等各组织机构的协同努力，达到提升绿色消费意识的目的：政府通过政策调整传达绿色包装设计理念，加大坭兴陶产品绿色包装宣传力度；坭兴陶生产企业通过各种媒体进行坭兴陶产品绿色包装及企业绿色环保文化的宣传；教育行业通过环保教育影响并改变消费者的消费观念；设计人员通过有效的绿色包装设计方法对坭兴陶产品进行绿色包装设计，潜移默化地影响消费者的消费意识和提高绿色消费欲望。

坭兴陶产品绿色包装设计方法的导入涉及社会各个层面，只有多管齐下，才能有效地将绿色包装设计理念导入到社会各个角落，为人们的生活环境降低能耗，减少污染，提高并保障人类生活从物质到精神生活的优质性和绿色性。

# 第三章　坭兴陶产品包装材料综述

包装实体就是物质存在的产品包装设计，它包含包装所用材料、包装色彩、包装图形、产品的文字信息等，其中承载色彩、图形及文字信息的就是材料，材料的选择是进行坭兴陶产品包装设计的物质基础，是承载设计思想和产品信息的物质载体。研究坭兴陶产品包装材料是进行坭兴陶产品包装设计的物质基础，只有选择合适的包装材料，坭兴陶产品包装设计的所有创意和理念才有可能出现并展示在消费者的视域里。

## 第一节　材料选择的原则

坭兴陶产品包装材料的选用要有一定依据，并遵循相关原则，不能随意选取。材料是包装本体物质表现的基础，承载着包装设计人员的设计理念，同时材料也直接刺激消费者的视觉和触觉观感，对后期情感体验有推动作用。

### 一、科学原则

坭兴陶产品包装材料选择的科学原则，首先要保证所选材料的实用功能，要能够合理盛装、保护和运输产品；其次是要保证材料运用的合理性，如能用纸材的，就勿用塑料、木材等，在达到包装要求的前提下尽量使用成本低的材料；最后，运用正确合理的设计方法，选择合适的包装材料与加工工艺，使设计标准化、系列化和通用化，符合相关法规，使坭兴陶产品包装适应批量机械自动化生产的需要。

### 二、经济原则

经济原则与科学原则是相辅相成，不可分割的，如坭兴陶产品包装盒设计中选择使用瓦楞纸作为选用材料，既利于设计“一纸成型”的包装结构，亦是在科学原则之下经济性的体现。选择使用常见、常用材料是对经济原则进行了充分考虑，也为坭兴陶生产企业节约包装成本。

### 三、环保原则

由于环境的恶化与资源的减少，绿色包装越来越受到消费者的关注和认可，包装是既能减轻污染又能制造污染的双刃剑，它使减量化、无害化的产品包装日益受到包装行业的广泛重视。坭兴陶产品包装要坚持环保原则，尽量选择绿色产品包装设计，但目前多数坭兴陶产品包装盒内部所使用的缓冲材料为聚苯乙烯发泡塑料，尽管这种缓冲材料价格便宜，但有悖环保原则，也与坭兴陶产品本体的绿色环保特征不符。

### 四、文化关联原则

材料是包装表现形式的构成元素之一，也是包装设计人员的设计理念和包装语意的传达媒介，对于坭兴陶这类具有强烈地方文化和民族文化色彩的产品，其产品包装材料也需要与其有文化的关联，要充分考虑坭兴陶产品与其包装材料之间的文化关联以凸出其文化色彩和人文情怀。

## 第二节　坭兴陶产品包装材料选用策略

众所周知，任何种类的商品的商品价值都可分出高、中、低三个档次，选择使用与其产品价值相匹配的包装材料，使该产品包装成本与产品价值及价格相匹配，可满足不同消费者的需求。坭兴陶产品包装的材料选择要考虑包装成本与产品本身的价值关系，在满足使用、保护功能的基础上，考虑产品包装装潢设计与所选材料的协调性，同时应尽量减少包装材料的浪费，达到降低包装成本、增加企业利润空间的目的。

### 一、就地取材

产品生产地特有或常见材料可赋予产品包装一定的地域色彩，其天然淳朴的特色及特有的人情味是其他材料无法替代的，这种人情味不仅贴近自然，更贴近渴望回归自然的心，这与当今社会特别是城市里被拘禁在一个个钢筋水泥格子里的人们崇尚自然的心态不谋而合。坭兴陶历经千年风雨流变，蕴含着钦州人乃至中国人内心深处的情感，因此对其包装材料的选用，地方传统材料应有一席之地，它与坭兴陶产品有文化的默契，而对于具有东方情节的钦州人来说，地域性材料在人脑中早有记忆，当某种地域性材料运用于包装并展现在具有该地域情结的人们面前时，其大脑经视觉刺激，就会自动搜索与这种材料所关联的相关记忆及地域文化，即归属感。

竹是钦州常见的植物，也是包装的传统材料，随着竹材加工技术的不断提高，竹材可根据需要被加工成多种形态，也是木材最好的替代品。竹材作为包装材料其制作过程对环境的影响较小，其加工过程中产生的边角废料可作为压制竹材所需的原料。将竹材作为坭兴陶产品包装材料，所体现出的人文情怀与坭兴陶产品的文化属性契合，其天然特性亦符合消费者崇尚自然的审美观念及心理回归。

选用天然材料作为坭兴陶产品的包装材料，取于自然、归于自然，避免了现代技术工艺对其质的改造，充分考虑了人们的情感需求和归属，将传统文化通过坭兴陶产品包装进行传递，其材质本身会唤起人们对于此天然材料的记忆及对回归自然的渴求，让消费者感受到，这种选用天然材料的坭兴陶产品包装是人—社会—环境三者和谐关系的设计，也是保将绿色生活方式的态度。

## 二、环保材料

环保材料的应用是包装设计人员对环境的负责，也是刺激已初步形成环保意识的消费者加强环保意识并付诸行动的方式。适用于坭兴陶产品包装的环保材料主要包含纸、纸板、瓦楞纸板和其他部分材料，以制作包装盒、包装箱及内部缓冲结构等。纸包装材料的来源较广，价格相对便宜、成型简单、运输方便，这些优点使纸材成为坭兴陶产品包装材料的首选。

### （一）纸

坭兴陶产品包装用纸主要用于功能性防护，可选择牛皮纸、鸡皮纸、玻璃纸、羊皮纸、和纸等。这些纸张各具特色，可选择作为包装内衬、产品包裹、结构缓冲之用，其本身色泽也可为包装装潢增色，笔者认为在坭兴陶产品包装内部可以多做尝试。

#### 1. 牛皮纸

坚韧结实，用途较广，分单面光、双面光，有条纹和无条纹等，其中 $80g/m^2$ 的牛皮纸应用最广，对于坭兴陶产品而言，其耐破度和撕裂度较强的特点适用于其产品的防护性能要求。笔者认为选用牛皮纸制作坭兴陶产品包装袋是不错的选择。

#### 2. 羊皮纸

现在的羊皮纸主要由植物制成，是一种透明较高的高级包装纸，又称硫酸纸。它强度高，吸水性好，组织均匀，适于小型坭兴陶茶具和工艺品的内包装使用；

3. 和纸

以楮树、三椏树和雁皮树为原料，纤维较长，具有薄而柔软、坚韧、拢光的特质，颜色丰富，是日本的传统用纸，作者认为以传统和纸承印物搭配具有钦州地方特色文化元素的图案用于坭兴陶单个产品的包裹式包装内包装及礼品包装，或是用于坭兴陶产品套件包装中以内衬的形式作为传统黄色绸布的绝佳替代品等都是上好的设计理念。

（二）纸板

纸板主要提供实用功能，具有成本低、易回收利用等特性。纸板的实用功能是包装结构设计的基础，其平整宽敞的表面是坭兴陶产品品牌标识及产品其他信息绝好的展示场地。

造纸行业内，厚度上超过 0.0254 cm 的纸被称为纸板。在坭兴陶产品包装纸板的选用过程中，纸板的重量或厚度要与包装盒的尺寸大小及坭兴陶产品的盛放需求相结合，以保证产品包装的结构和强度。包装纸板的功能是盛放并保护被包装物，或作为内衬或缓冲结构。笔者认为，用于坭兴陶产品包装的纸板可选用单浆漂白硫酸盐纸板（SBS）、单浆非漂白硫酸盐纸（SUS）、普通粗纸板等，目前市面上使用较多的坭兴陶产品固定包装盒就以普通粗纸板作为包装材料。

在坭兴陶产品包装设计中，纸板的选用面和结构设计范围较为多样，合理选用纸板、完善其结构的多样选择，对于坭兴陶产品包装设计创新具有重要作用。作者认为，坭兴陶产品各系列中的小件产品大多可选用纸板材料，做多种多样的设计尝试。

（三）瓦楞纸板

瓦楞纸板是制作各类瓦楞纸箱的基材，是由纸板和波形纸芯胶合而成，常常用作易碎产品或物件的包装材料，并可作为内部包装结构中支撑产品的部件。单壁、双壁（可参照本书上篇第一章中的材料目录中对瓦楞纸的介绍）和三壁瓦楞纸可用于制作坭兴陶产品包装箱等外部结构；纸芯波形较小的单面瓦楞纸可将纸芯朝外用于高档坭兴陶产品包装设计，以获得独特的质地效果。

（四）纸浆模塑

纸浆模塑是典型的多功能可降解环保包装材料，具有优良的缓冲防护性能,在回收和降解方面都具有较强的优势，且生产成本低廉，从坭兴陶行业的长远发展及企业长远的经济效益来看，纸浆模塑制品是代替传统坭兴陶产品包装内部发泡塑料材料的优选。

（五）木材

木材在包装方面的用量仅次于纸和塑料，具有多方面的优越性：第一，木材机械强度大、刚性好、负荷能力强，将其用于坭兴陶产品的运输包装，可有效保护被包装物；第二，木材弹性好，可塑性强，易加工改造，可用于坭兴陶产品的销售包装，根据不同包装需求及品牌诉求制成不同形状及多种造型的包装样式；第三，木材自带淳朴的天然纹理和色彩，与坭兴陶产品古朴自然的本质特性相匹配，其包装表层无需过多装潢设计，即可取得较好的视觉效果，及拥有产品—包装—消费者心理诉求的统一性格，具有较好的绿色环保形象。

（六）其他环保材料

除纸材、木材和竹材之外，用于坭兴陶产品包装的环保材料还有棉、麻等纺织品，把握好材料特性与坭兴陶产品各自的属性及其相关联系，充分利用并发挥材料优势，对于坭兴陶产品包装设计的创新及坭兴陶品牌塑造的作用不可小觑。

坭兴陶产品的绿色包装，除所选材料本身绿色环保外，材料的使用也尽可能单一，将坭兴陶产品的外包装和内部缓冲结构合二为一，以一体包装形式存在，给包装产品的生产加工和回收利用节省人力与财力。坭兴陶产品自身具有很好的装饰效果，若用花哨的装饰及包装材料稍显累赘，而自然质朴、简单纯粹的材料或许更能突出坭兴陶产品的存在，而这种自然质朴、简单纯粹的材料本身也给对追求坭兴陶古朴自然的人们以精神共鸣，而其绿色环保特性在包装实体中的呈现在度己的同时度人，唤醒并加强人们的环保意识。

# 第四章　坭兴陶产品包装形态与缓冲结构设计探究

英国形式主义美学家克莱夫·贝尔认为美是一种“有意味的形式”，这种“有意味的形式”是一切视觉艺术的共性[⑪]。坭兴陶产品包装要凸显坭兴陶的文化特色，其包装形式也要具备有意味的艺术形式感。包装的结构形态与装饰、材料三者共同构成包装的基因，兼顾并强烈体现包装的美化和实用两大功能，而包装造型是审美功能和实用功能的集中体现。包装造型是消费者最先且直观接触的包装外部形式，而坭兴陶产品包装设计创新解决的不仅是从销售过程中如何在造型上吸引消费者，满足消费者的情感文化需求的问题，还注重包装造型如何体现绿色环保的设计理念。因此，坭兴陶产品包装设计创新应对包装的形态要具有特殊的意味，达到吸引消费者、满足消费者情感需求的目的，和包装形态要具有能让消费者自觉营造绿色生活方式的延伸功能等两个方面进行综合考虑。

坭兴陶产品包装结构设计是依据坭兴陶产品特征、运输或存储环境及用户要求等因素，选择合适的材料和技术方法，科学地设计出内外合理的结构形态，它是坭兴陶产品包装设计的基础和重要组成部分，它决定着包装对被包装坭兴陶产品的保护性的强弱。合理、科学的包装结构能保护产品在运输及储存过程中免遭损坏，同时，良好的包装结构设计也具有视觉上的美感，给受众以视觉及精神享受。结合坭兴陶产品的高度、直径、体积、个数、组合方式等具体参数，本章主要从内包装、外包装和储存包装等包装形态和缓冲结构两个大的方面对坭兴陶产品包装的结构形态进行设计尝试和说明。

## 第一节　包装形态的设计

### 一、造型原则

#### （一）实用与美感为基础

坭兴陶产品外部包装形态是与消费者直接接触的包装形式，除了需要

⑪ 贝尔·克莱夫（薛华译）艺术[M]. 江苏：江苏教育出版社，2005

具备必要的、基本的使用功能外，还要能美化产品，给消费者视觉及心理审美的满足，以建立后续的情感体验。目前坭兴陶产品包装过于同质化且形式单一，方正且无差异的形态很难让消费者对其产生兴趣，更不用说通过包装建立产品在消费者心中良好的印象，无法促进坭兴陶产品销售。因此，在坭兴陶产品包装的设计创新中，造型的实用功能与审美功能需作为包装造型设计的基础。

（二）功能延伸为拓展

包装从设计伊始到回收处理，在其生命周期过程中产生大量的包装废弃物，这一现象促使包装设计人员在包装功能的延伸上思考并付诸实践：从增加包装功能延伸的角度来延长包装物生命周期，使包装物在完成流通过程后，到达消费者手中仍能发挥作用，继续具有“使用价值”，在减少包装废弃物的同时，提高消费者生活质量，增强消费者的绿色环保意识。

二、造型策略

目前坭兴陶产品包装盒多是方正生硬的造型，给消费者的印象也多是生硬、冷漠、没有人情味的，无法引发消费者对包装的情感喜好。基于国人追求饱满、敦厚、大气、完美、天人合一的民族情怀及消费心理，对于坭兴陶产品包装设计创新中的造型考虑，可在不影响包装储藏和运输的前提下，减少直线和方角的出现几率，以饱满的形态、柔和的材质让消费者产生内心深处的亲切感，以承托消费者对于追求自然生活方式和民族情感文化的回归。另外，在包装造型设计创新的基础上应注意细节的精致处理与美化，如在陶瓷产品包装的外包装盒上设计镂空的花纹，在陶瓷产品销售和展示过程中都有较好的装饰效果，这种新颖的形式能快速吸引消费者的注意，即使在完成产品包装的使命后，由于其美观的造型，消费者也乐意将其作为收纳其他物品或装饰家居摆件而留下，这便是包装的功能性延伸，当然这样的功能延用需要包装设计人员花费更多的心思进行设计，在满足消费者求新、求异的心理需求的基础上，减少包装废弃物回收处理环节带来的人力财力的消耗，避免包装废弃物所引发的资源及环境问题，这便是绿色设计理念在包装形态上的表现，并希望通过此种形式传递给消费者绿色生活方式的态度。

## 三、造型类型

### （一）内包装

所谓内包装，是指与坭兴陶产品直接接触的包装。它是产品最原始的保护层，起防震、防潮、避光等作用，其形态、材质因产品特征、大小等差异而有所不同。其材料可选取较为环保的纸浆塑模或纸板等，使用具有缓冲作用的内包装作为支撑，可以保证坭兴陶产品在运输过程中不易破碎。也可选择如棉麻织物或硫酸纸、和纸等具人情味的材料对坭兴陶进行包裹，在防震、缓冲的同时赋予产品“温度”，并起装饰美化作用。

### （二）外包装

1. 纸盒

坭兴陶产品宜选用几何造型纸盒，利用较厚的纸张材料保证其结构的抗压性能。就纸盒的结构设计而言，应注意盒体和盒盖的关系、盒型的外观样式、锁合方式等；其结构类型中折叠纸盒和固定纸盒都可考虑，并根据产品具体情况，选择全封闭式或开窗镂空的结构。

折叠纸盒通常作为整件包装结构，它是由纸板或瓦楞纸经压印、裁切、划痕、折叠、插片锁合或胶粘而成的包装结构，是最常见的包装方式之一，具有盛装效率高、方便销售和携带、可供欣赏、生产成本低等特性，可作为坭兴陶产品包装的首选，如坭兴陶茶杯包装盒，可设计成插锁盖式盒型并配合使用开窗式结构，保证产品安全的同时方便产品展示和消费者欣赏购买。也可根据被包装坭兴陶产品的大小、多少和组合方式等选择单墙纸盒或双墙纸盒。尺寸较小、体积不大的坭兴陶产品可选用盒身为单层纸的单墙纸盒形式；对于对防震和防碎要求较高的坭兴陶产品，则可选择盒身为双层纸的双墙纸盒形式，使纸盒结构兼具美观和坚固的优点。

固定纸盒是具有固定形状的包装结构纸盒制品，不能折叠，可直接用于装盛坭兴陶产品，一般用于较高档次产品的包装。它通常由纸板制成，并使用装饰性挂面纸或其他装饰材料覆盖所有外表面和边角，其结构精巧、造型华丽，可使产品外观更加美丽诱人，为产品起“增值”作用，并在购买行为结束后，被包装产品取出之后可留作他用，是一种很受欢迎的包装结构形式。其内衬可选用瓦楞纸、纸浆塑模及棉麻织物等材料，贴面材料可选用铜版印刷纸、蜡光纸、彩色纸、仿革纸、植绒纸以及布、绢、革、箔等，可在其上进行印刷、压凸、烫金或镶嵌等工艺处理，以增强产品档次感。

2. 纸箱

纸箱包装主要使用瓦楞纸板作为包装材料，根据产品包装结构设计制成各种形状的衬垫和外包装。其抗压性能和缓冲性能均优于简易包装，且包装表面可根据各坭兴陶产品生产企业的需要印刷各种图案、标志及其他有关信息，具有较强的保护和展示功能。其总体包装成本低于简易包装，国内较多的大中型陶瓷生产企业都采用此种包装方法。纸箱一般采用抗震性能较好的瓦楞纸成型，体积较一般纸盒大，适用于多件或较大型产品的包装。坭兴陶产品包装纸箱应采用立方体造型，便于码放和运输；在盒身的结合处宜采用钉合方式，以确保其牢固性；在箱盖处宜使用胶带封合开启口，以防散开，并可使用专用的封口胶带增加防盗和防伪性能。

3. 手提袋

手提包装袋是一种简洁方便的包装形式，分为封口式和敞口式两种形式，此处所讲的坭兴陶产品包装袋属于外装，宜采用敞口式，以方便较小尺寸的坭兴陶产品包装盒的取放。敞口式手提袋一般不直接接触产品，携带方便，是尺寸相对产品本身最自由的包装样式，其作用在于方便顾客携带并宣传企业品牌信息，是很好的移动式坭兴陶产品广告媒介，可有效增强坭兴陶产品的品牌宣传力度。用于坭兴陶产品包装的手提袋在造型上宜选用平底手提式包装袋；在材料选择上，因其强度要求较高，可依据坭兴陶产品不同的定位及价格，选用合适的材料，例如，使用韧性较高的牛皮纸或厚度较高的铜版纸，低碳环保的不织布或棉麻等织物以确保手提袋的耐用和保护性能，并在包装材料的选择上体现被包装产品及其主人的身份与品质。

（三）储存包装

传统的储存包装是可被销售商们随意使用、非专有的包装形式，非特定品牌或公司专有。随着包装结构和闭合结构的款式设计和加工方法的不断改进，储存包装的样式逐渐增多，可选择范围也越来越广。就坭兴陶生产企业而言，多数直接使用储存包装，若为坭兴陶产品设计特有的包装结构可以把自身产品与普通产品进行区分，利于坭兴陶产品品牌知名度的提升，这是在把坭兴陶产品推向市场的过程中，储存包装提供的一种实用可行的解决方案，也能为坭兴陶产品的初级推广起一定的促进作用。目前，坭兴陶产业振兴在即，坭兴陶产品品牌化建设的重要性日趋凸显，坭兴陶产品包装设计的改革势在必行，这并非是要否定现在的相关储存包装机构，

目前的纸板加工商可提供各式纸箱、固定纸盒、礼盒、包装袋及储存包装结构，并附有装饰性挂面纸，且有多种尺寸可供企业和公众自由选择，但作者试图提醒并建议的是坭兴陶企业在决定选用某一种储存包装结构前，一定要根据自身产品需求，对产品、包装结构、后期装饰工艺及现有设计表面存在的印刷限制因素作综合考虑，以利于坭兴陶产品包装设计的后期研发和品牌塑造。

## 第二节 缓冲结构的设计

包装结构设计是在包装的基础上进行设计。但目前坭兴陶产品包装设计多注重包装的装潢部分，对于结构的设计与改进并没有投入较多精力。包装装潢设计是体现其艺术性，而结构设计则侧重体现其科学性，因此，对于坭兴陶产品包装结构的设计，更应注重用严谨的态度去设计科学合理的包装结构。坭兴陶产品包装设计分外包装结构设计、内部缓冲包装结构设计两种，内缓冲包装结构设计是基于外包装未能充分满足产品保护性能需求的前提下所进行的进一步的设计。由于坭兴陶产品脆性大，在运输过程中极易受到冲击碰撞而发生损坏，因此其产品包装缓冲结构的设计极为重要。完善坭兴陶产品包装结构设计，降低产品破损率，使坭兴陶产品安全、完好无损地到达消费者手中，已成为坭兴陶产品包装设计的重要课题之一。

### 一、设计依据

#### （一）陶瓷产品的脆值

陶瓷产品容易损坏，这与其在运输过程中的复杂环境息息相关，研究陶瓷产品的缓冲包装，就是要解决产品在储运过程中遭受静压、振动和冲击的问题，防止被包装物因遭受外力而产生的破损。这其中，产品的脆值是缓冲包装结构设计的重要参考元素。

脆值是产品经受振动和冲击时用以表示其强度的定量指标，又称为产品的易损度。它表示产品对外力的承受能力，一般用重力加速的倍数 G 来表示，G 值愈大，表示产品对外力的承受能力愈强，在设计缓冲包装时可以选择刚度大的材料；反之，则需慎重选择缓冲材料。由于各陶瓷产品产区、制作方法、流通环境等的不同，其脆值也不尽相同，所以在设计缓冲包装之前，可以通过实验法或经验估算法来测定产品的脆值，以确定缓冲包装的材料选择和结构设计。

（二）缓冲包装的力学特征

产品包装件在流通过程中受到的外力主要是振动和冲击，因此产品缓冲包装件的两大力学特性即震动特性和受冲击特性。缓冲包装的设计也正是为了解决包装件因受振动和冲击而引发的一系列问题。现实生活中，因缓冲包装设计的不完善所导致的产品受损现象较多。据统计分析，引起缓冲包装件损坏的主要因素有：

1. 流通过程中装卸、运输等环节引起

装卸可分为人工和机械化装卸两类，其中，因人工装卸的不确定性（尤其是野蛮装卸）对包装件危害极大；运输过程中因受运输工具和路面质量等因素的制约，造成的损坏度各不相同。

2. 包装内装物特性

如陶瓷产品属易碎物品，相对其他被包装物更易破损。

3. 包装设计不够完善

由于产品类别的不同、流通环境的复杂等，各产品包装设计存在着或多或少的问题，都会影响包装件的完整性。

由以上所列原因可知，合理的缓冲包装结构设计才是解决包装件受损问题的根本。而在产品的生产和销售过程中，各企业也越来越认识到对产品包装件进行合理的缓冲包装设计的重要性。

## 二、缓冲包装材料

缓冲包装材料，是为防止产品受损坏而使用的保护材料。缓冲包装材料可分不定形的和定形两种，不定形材料如玻璃纸丝、纸丝、木屑、稻草等，但由于缓冲性能不稳定，已逐渐被淘汰；定形材料如纸浆模塑、瓦楞纸板、塑料泡沫以及气垫薄膜等各种人工合成材料。缓冲包装结构中最常见的是用弹性材料作缓冲衬垫。缓冲衬垫的作用是吸收冲击能量，延长内装物承受冲击的最大时间。缓冲衬垫的结构形式因内装物的质量、形状和尺寸而不同。按承载面积，通常可分为全面缓冲和局部缓冲两种基本形式。

基于环保考虑，作者认为，纸浆模塑是坭兴陶茶具缓冲衬垫的首选，因陶瓷类产品对缓冲防震性能要求不如电子、电器类产品那么高，纸浆模塑制品具有良好的缓冲防震性，且有一定的强度和刚度，能够满足陶瓷类产品的要求。选用纸浆模塑制品作为坭兴陶茶具缓冲包装材料是基于其以下特点：原料来源丰富，成本低；可通过模具制造出不同规格的制品，可以适应各种坭兴陶茶具的形状需求，便于隔离定位；具有适宜的强度和刚度；具有良好的保护性和缓冲性，能达到缓冲防震的需求；对环境无污染；可回收利用等。用纸浆模塑制品代替泡沫塑料作为坭兴陶茶具的缓冲包装，达到绿色包装的要求，也为坭兴陶茶具的出口扫清了障碍，是一种较为理想的包装设计形式。当然，在坭兴陶茶具产品包装设计改革的实践中，缓冲材料的选择是多种多样的，作为实验性的坭兴陶产品包装改革设计，其缓冲材料也可多做尝试，例如棉、麻等纺织品就是不错的选择。

## 三、设计原则

缓冲包装结构设计，从消费者角度来说，最主要的作用是保护产品功能性安全及外观安全；从产品生产厂家角度来说，是在保护产品安全的基础上，最大限度地降低成本；从包装厂家角度来说，是保护产品安全，最大限度为客户降低包装成本，并尽力提高自己的销售利润；从环境保护角度来说，是尽可能使用环保材料，在满足保护功能的基础上，减少材料的用量，降低对环境的影响。因此，缓冲结构的设计要从保护产品、使用材料、方便加工及低碳环保等四方因素进行综合考虑，以使包装的物理功能、环境保护和经济效益三者达到最佳契合点，并通过这种最佳的契合刺激唤醒消费者的环保意识，使其自主选择绿色生活方式，自动进行友善环境行为，以降低包装废弃率或提高回收利用率。为保护产品的完整性和有效价值，坭兴陶茶具缓冲包装结构设计需达到以下要求：被包装产品要固定牢靠，不能活动，对其突出而又易损的部位要加以支撑；对多件产品应进行有效隔离；根据坭兴陶茶具的大小、形状、重量、价值等选择合适的缓冲包装材料；包装结构应趋于简单，便于开启和取出产品；应对各种环境因素进行综合考虑等。另外，在坭兴陶产品包装结构的设计方面，除考虑其保护功能之外，还需深入挖掘包装结构的其他功能，使包装结构设计以低损耗、低污染、并且具备多重功能为原则进行设计创新，以满足消费者一物多用的需求。

### （一）安全性

它在诸多原则中排第一位，是产品成功到达消费者手中的首要原则。坭兴陶茶具纸包装结构设计除了要符合相关法规，还需要充分考虑包装内衬结构，合理安排成套茶具的摆放，并保证包装外部的保护性。

### （二）便利性

主要内容涉及方便装填、方便取出、方便搬运、方便装卸、方便堆码、方便展示、方便销售、方便携带、方便开启、方便使用和方便回收等。通常方便性包装会增加成本，但坭兴陶纸包装的结构可以通过设计人员的设计，在模切板上增加相关的工作线，不仅可以到达出人意料的效果，而且能节约成本。

（三）科学性

包装结构的科学性首先是要保证使用功能，要能够合理的盛装、保护和运输产品；其次是运用正确合理的设计方法，选择合适的包装材料与加工工艺，使设计标准化、系列化和通用化，符合有关法规，使坭兴陶茶具纸包装适应批量机械自动化生产的需要。尽量采用“一纸成形”的包装结构设计，并适合自动化生产，而且尽可能减少因结构展开图之间的缝隙而造成的材料浪费。

（四）美观性

包装的美观性依赖于包装材料选择和结构设计的科学性。包装设计人员可通过设计巧妙、造型特殊的纸包装结构，来凸显坭兴陶茶具的独特个性，从而吸引消费者。

（五）低碳性

采用绿色包装设计已是大势所趋，坭兴陶茶具包装一定要坚持环保原则，坚持使用绿色包装设计。

## 四、设计策略

坭兴陶产品包装的缓冲结构设计首先要满足对坭兴陶产品的保护功能，由于坭兴陶产品易碎的物理属性，其包装缓冲结构除材料能起到一定的保护作用外，其结构设计的合理性是影响坭兴陶产品破损率的关键，而合理的结构需要进行相关的数据分析，根据坭兴陶产品的脆值、形状、质量等因素，科学计算出产品能够承受的最大冲击力，并由此得出其包装需要提供的抗挤压和防冲击的数值，并依据所选材料的特性，结合科学的计算和反复的设计实验结果进行相关的结构设计。但对于外包装未能达到充分保护被包装物的包装形式，则需要通过增加内部缓冲包装结构来加强并实现包装的整体保护性能。

为保护被包装物，在进行结构设计时会刻意在被包装物所占空间的外围预留一定的空间，以减缓来自外界的冲击，没有被包装实体所占的空间

与包装容积之间的比例就是包装容积率。许多坭兴陶企业由于对缓冲结构相关数值计算的缺失，缺乏科学合理的结构设计，故为达到对被包装产品的保护功能，在设计缓冲结构时盲目地加厚、加大包装材料，造成材料的浪费。卡尔·马姆斯登曾说："适度则永存，极度则失败"[12]，坭兴陶产品包装设计需要通过科学合理的计算，优化精简结构，将包装容积率降至最低，减少不必要的浪费。材料的节省，对于企业来说是降低成本，对于消费者来说是减少不必要的额外消费，对于环境和社会来说是满足绿色生活方式的要求。

包装结构与包装材料的完美结合，形成优秀的包装结构设计。坭兴陶茶具纸包装结构的形态设计要崇尚新奇，这将会在展示环境中对购买者的视觉引导发挥举足轻重的作用，从而引起他们的兴趣和购买欲望。在实际设计中，可以按照以下方法对基本盒型进行单独的或组合的设计，由此衍生出多种造型丰富的包装盒型。

1. 改变纸盒结构的基本几何形态

常用的纸盒多为六面体，设计时可以运用拟生态形以及加形、减形等设计方法创造出造型新颖的坭兴陶茶具包装纸盒。此外，也可充分发挥想象力，通过折叠、穿插、粘贴、挤压、弯曲、切割、连接等各种手法对基本盒型进行"破坏性"解构与重组，设计出具有良好视觉效果的其他异形盒。

2. 对纸盒盒体的局部进行变化

通过对纸盒体板上折线的曲直压痕设计，使纸盒盒体呈现出多面或曲面的变化效果。也可根据需要在盒盖或提手处延伸出具有装饰性的结构形态，形成视觉亮点。

3. 在包装盒体的基础上进行开窗设计

在不改变坭兴陶茶具纸包装盒体的基础上进行开窗，不仅可以让消费者直观地看到商品产生信赖感，同时在"窗"的造型上稍做处理就可达到新颖的视觉效果。从图形表现形式来看，"窗"可以是抽象的几何形，也可以是具象的自然形或人造形等；从图形的分类来看，"窗"可以是产品形象、企业标志、吉祥物等具有品牌识别性的图形，达到宣传企业文化的目的，也可以是具有代表性的建筑、民间艺术、生活用品等图形，以突出产品地域特色与民族特色，使得坭兴陶茶具包装具有较高的艺术欣赏价值。

---

⑫ 顾兆贵. 艺术经济原理[M]. 北京：人民出版社，2005.

4. 设计连体包装盒型或者具有规律性外形的分体式盒型

将坭兴陶茶具纸包装结构设计成两个或两个以上的底边连接的连体包装盒型，或者将其设计为具有规律性外形的分体式纸包装盒型，如：设计四个半圆形的纸盒，组合在一起形成一个完整的圆形。这种底边连接的连体包装盒型或具有规律性外形的分体式纸包装盒型在表现产品包装系列化等方面具有明显的优势。

## 五、坭兴陶茶具包装结构设计实验

为更好地理解系列化包装结构，本案例以坭兴陶茶具为选定对象，分六个实验组进行有针对性的纸包装结构设计。

在坭兴陶茶具包装结构及缓冲结构设计处理方面，目前许多厂家使用聚苯乙烯发泡塑料作为缓冲材料通过将茶壶或工道杯固定其中，以提升茶壶、茶杯及公道杯的安全性。我们不得不承认聚苯乙烯发泡塑料是一种廉价又有效的缓冲材料，它可以降低包装成本使企业利益最大化，但聚苯乙烯发泡塑料的难以降解性对于环境保护而言，无疑是往反方向发展的。有些厂家将茶杯套在一起，再放置于提前挖好的孔里面，以避免在移动过程中茶杯在包装盒中出现翻滚而导致损坏，这样虽然在一定程度上起到了保护茶杯的作用，但茶杯与茶杯的直接接触很难确保包装盒在受到剧烈撞击的时候，茶杯不受损坏。针对此种情况，笔者考虑通过对内包装结构的设计，将茶壶、茶杯、公道杯等间隔开等措施来改善这一状况。

本设计实验仅以瓦楞纸板作为包装材料，不使用任何胶黏剂，利用在单张瓦楞纸板上进行的模切、压痕和折叠等工艺，具有较强的再设计与再创造理念。瓦楞纸板具有足够的坚固性，承受一定重量后仍可保持其外形；具有良好的折叠性，折叠后不易出现裂痕；具有良好的表面性，裁切后的纸板依然平整无翘曲，无毛边、脱层等现象，表面耐磨性好，装饰涂层不易擦除或刮除；具有良好的稳定性，在一定温度和湿度下不会使包装尺寸发生变化。瓦楞纸板的优越特性可在确保折叠后表面依然平整的同时，也具备了包装所需的强度和缓冲性能。

本设计实验通过包装结构的创新，开发一系列便携式与开窗式的坭兴陶茶具纸包装结构，通过对结构巧妙的设计将茶杯或公道杯牢牢固定，在瓦楞纸包装盒封口部位的插入襟片设计，使被包装物固定于包装盒中不滑落，并且该纸包装结构在折叠成形之前是单张瓦楞纸板。在瓦楞纸包装结

构的基础上进行开窗，便于在不打开包装的前提下对产品细节进行展示，既可以让消费者快速、直观地了解产品，又节约了展示空间，并且在一定程度上能提升产品档次。本包装设计实验旨在通过结构的创新达到绿色包装设计的目的，使坭兴陶产品在当今陶瓷制品包装市场两极分化的现状下寻求突破口，创造市场价值。

（一）实验一

图 2-1-1 是一种内外分体式纸包装盒型结构展开图，通过在瓦楞纸板上设计 8 个适合茶杯大小的方形（可根据需要调整个数）作为内包装结构，用于固定茶杯，避免茶杯之间的碰撞。在内包装和外包装结构的边缘分别设计插入襟片，用于折叠后固定整个纸盒结构。

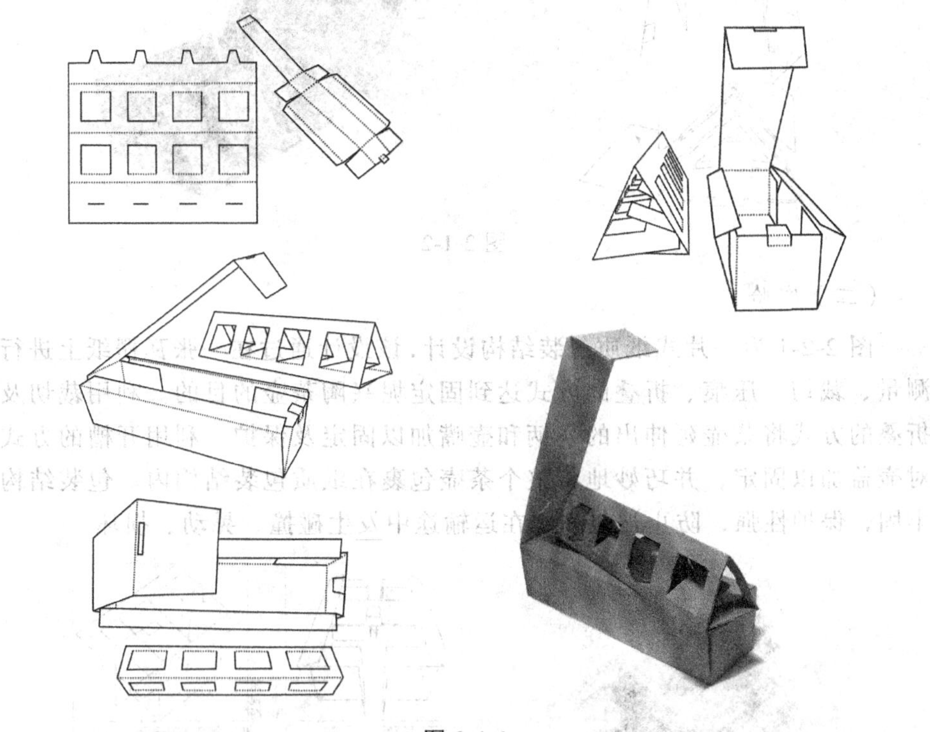

图 2-1-1

图 2-1-2 是一种内外连体式纸包装盒型结构展开图，通过对瓦楞纸板进行压痕、模切、折叠等工艺，并将茶壶和公道杯的手柄及壶嘴、沿口部位从模切孔伸出来固定于纸盒中，避免茶壶与工道杯在包装盒内翻滚、碰撞而致损坏；在结构的边缘同样设计插入襟片，来固定整个纸包装盒结构。

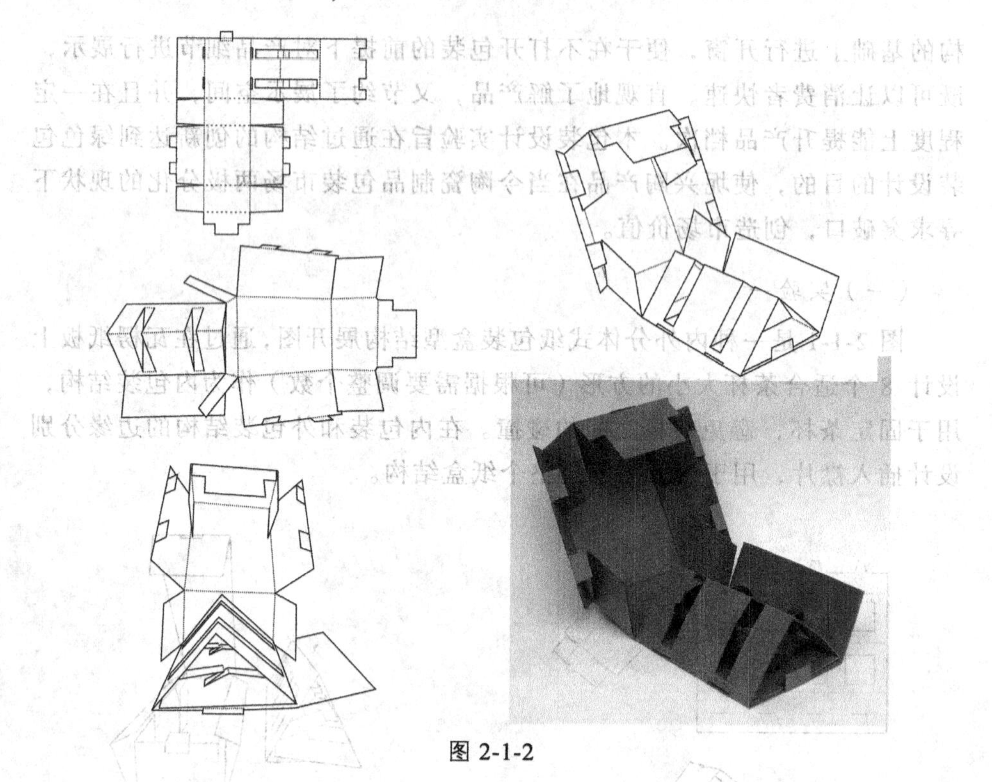

图 2-1-2

（二）实验二

图 2-2-1 为一片式纸质包装结构设计，该设计通过在一张瓦楞纸上进行测量、裁切、压痕、折叠的方式达到固定坭兴陶茶壶的目的。利用裁切及折叠的方式将茶壶延伸出的壶柄和壶嘴加以固定及保护。利用开槽的方式对壶盖加以固定，并巧妙地将整个茶壶包裹在纸质包装结构内。包装结构牢固，保护性强，防止被包装物在运输途中发生碰撞、晃动、损坏。

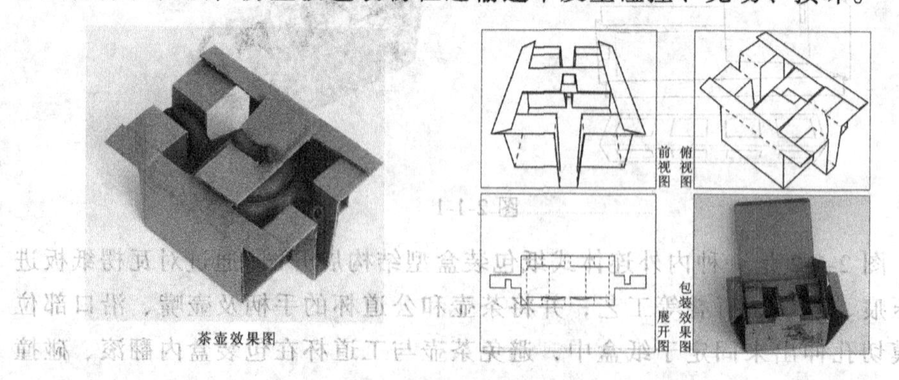


图 2-2-1

图 2-2-2 为内外分体式纸包装结构设计图，该包装设计的内包装设计采用一片式纸质包装结构设计，通过测量、裁切、压痕的方式形成稳固的三角形结构，并在次三角形结构的压痕处开出四个适合茶杯大小的开口设计，用于固定茶杯，防止茶杯发生晃动、碰撞的情况。外包装结构为插舌式包装结构设计，以达到保护被包装物的目的。

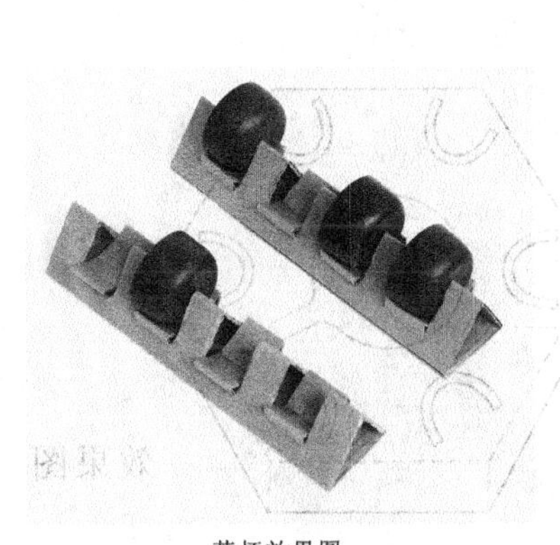

茶杯效果图

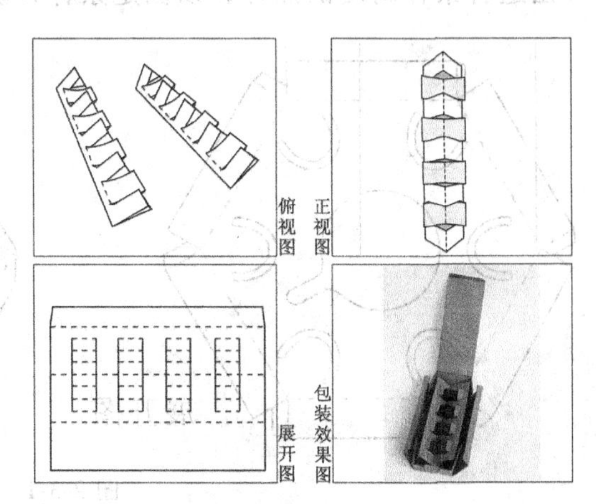


图 2-2-2

图 2-2-3 同样是内外分体式纸包装结构设计图，其内包装设计采用一片式纸质包装设计，用测量、压痕、裁切、折叠的方式将瓦楞纸制成一个茶壶大小的长方体，并将茶壶包裹住。在茶壶的壶柄及壶嘴延伸的地方进行模切，以便将茶壶固定在纸包装结构内，防止茶壶晃动、滑落。外包装结构设计为插舌式包装结构设计，通过对内包装的包裹实现对被包装物的保护。

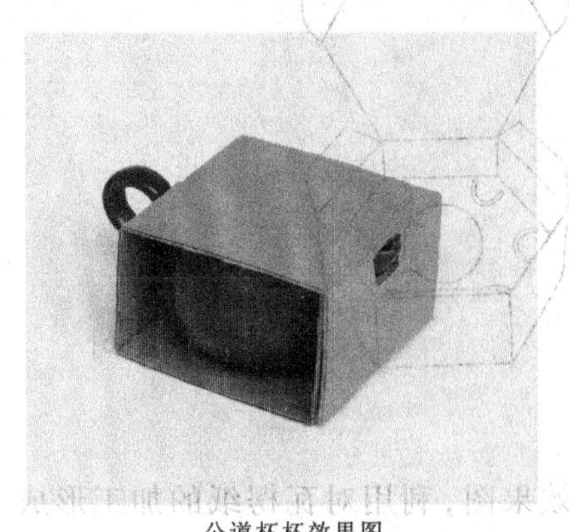

公道杯杯效果图

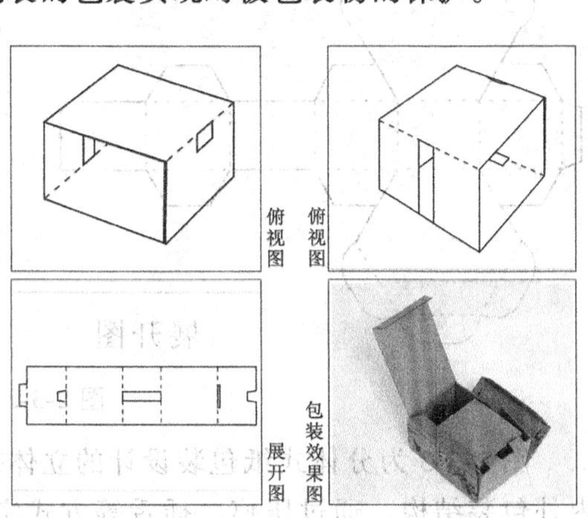


图 2-2-3

（三）实验三

图 2-3-1 为分体式纸包装设计的内包装设计展开图和效果图，该设计通过对一张纸质材料的测量、压痕、模切形成一个六边形的空间结构，在六边形的中间模切出茶壶大小的镂空处，以便固定茶壶。在六边形的顶角处开出适合茶杯高度的插片，以固定茶杯，防止茶杯发生晃动及碰撞。

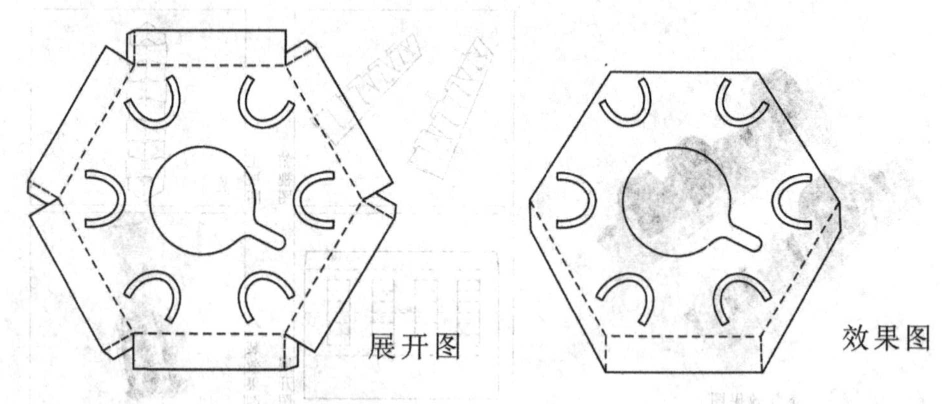


图 2-3-1

图 2-3-2 为分体式纸包装设计的外包装设计展开图和效果图，外包装利用一片式纸质包装结构设计形成一个与内包装大小相配合的结构，利用测量、裁切、压痕等工艺形成六边形包装结构，将被包装物进行包裹。

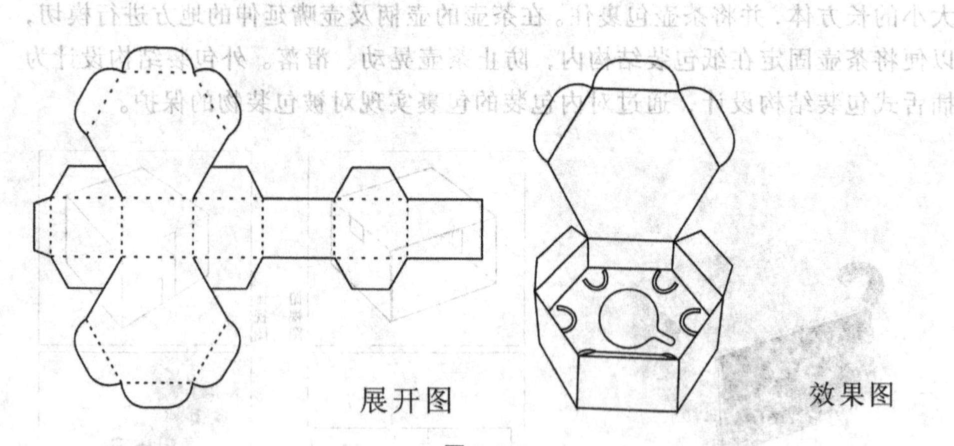


图 2-3-2

图 2-3-3 为分体式纸包装设计的立体效果图，利用对瓦楞纸的加工形成内外包装结构，通过压痕、插舌等方式实现外包装结构设计，并在外包装开启处利用绳子进行连接固定，设计巧妙，结构稳定。

图 2-3-3

（四）实验四

图 2-4 是一套坭兴陶茶具包装的效果图及结构解析图，在坭兴陶礼盒内放入大小合适的瓦楞纸，并插入四片高度合适的襟片作为支撑，将其悬空，通过在中部开出茶壶及壶盖形状的凹槽，固定茶壶及壶盖。在四片作为支撑襟片交叉放置，并在“十”字连接处开口，开口大小与茶杯厚度相符，以固定四个茶杯。这样就形成一组高低有序的茶具礼盒包装，并有效防止茶具的晃动及研究茶具之间的碰撞。

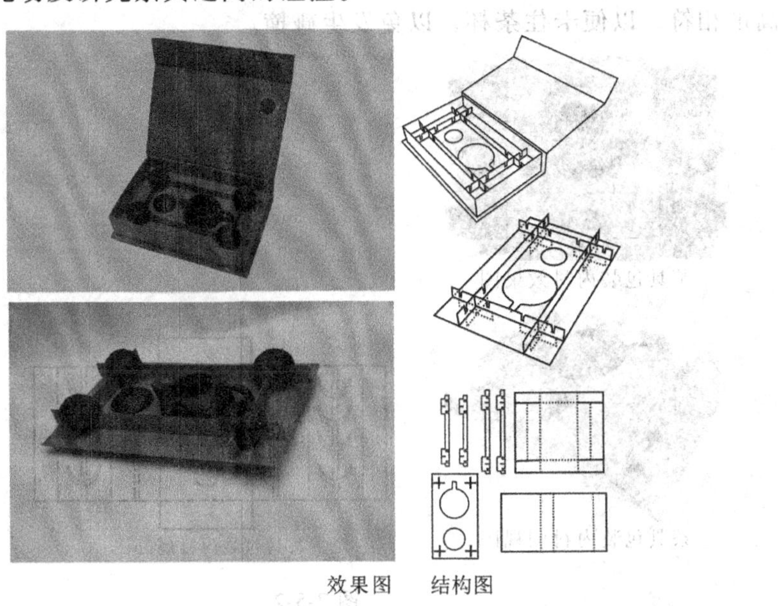


图 2-4

（五）实验五

图 2-5-1 是一组坭兴陶茶具组合包装效果图，礼盒为天盖地式的包装设计，在包装盒内放置一片式包装结构作为内衬结构设计，利用开口及开启凹槽的方式将一个茶壶及六个茶杯固定，防止其晃动而发生碰撞。

坭兴陶茶具组合包装整体效果图　　侧视图

图 2-5-1

图 2-5-2 为坭兴陶茶具组合包装设计的内衬结构设计，该结构为一片式纸质包装结构，通过压痕、折叠的方式形成空间，通过在中间部位进行模切、开口的方法固定茶壶，并在两边的折痕处开口，开口的宽度与茶杯的高度相符，以便卡住茶杯，以免发生碰撞。

茶具包装内衬效果图

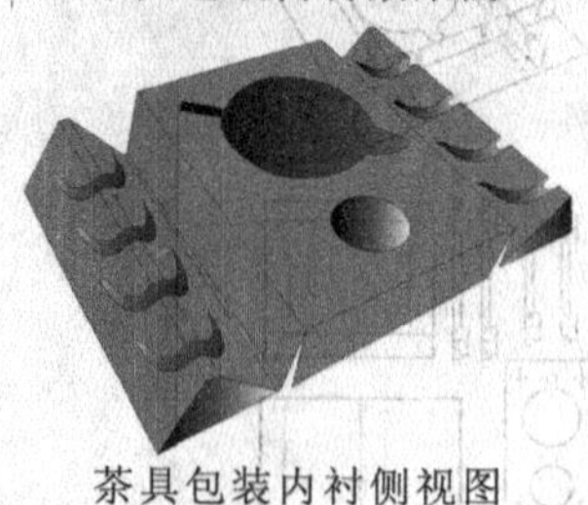

茶具包装内衬侧视图

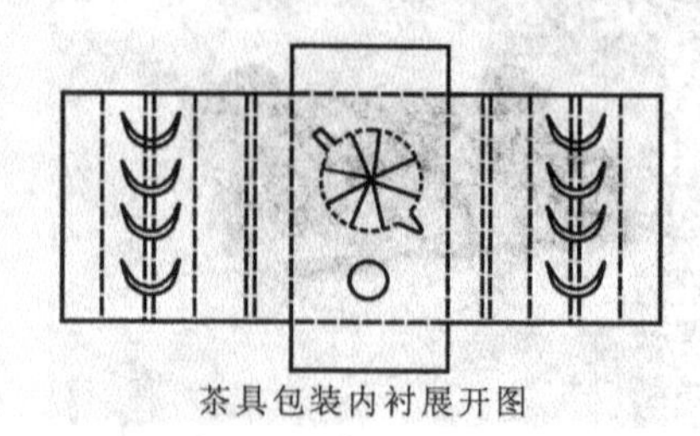

茶具包装内衬展开图

图 2-5-2

图 2-5-3 为坭兴陶茶具组合包装的外包装结构设计，外包装结构设计利用天盖地的包装结构设计，通过裁切、压痕、折叠等工艺形成一组具备保护作用的外包装设计。

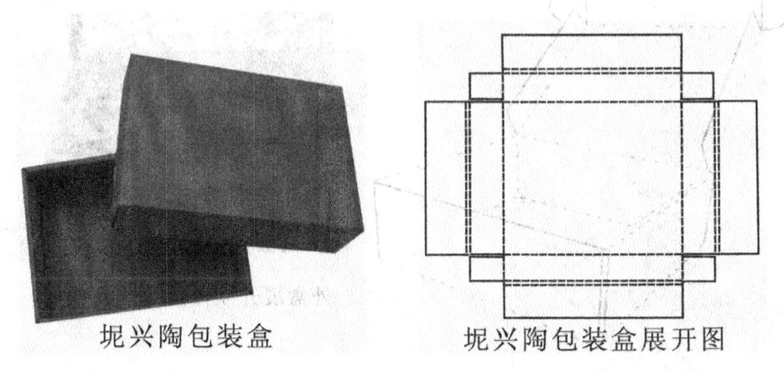


图 2-5-3

（六）实验六

图 2-6-1 为一片式纸包装结构设计，通过对一张瓦楞纸的测量、压痕、模切等工艺形成一个长方体的结构空间，在长方体连接处利用开口、插入的方式固定包装结构。在长方体空间结构的上部，模切出茶杯大小的镂空，以便固定茶杯（数量可自行设定），防止茶杯发生碰撞、损坏。

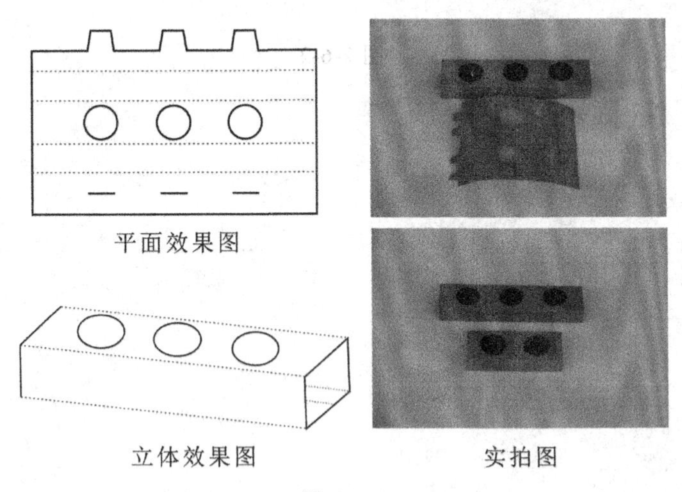


图 2-6-1

图 2-6-2 是分体式纸包装结构设计，外包装结构设计为插入式包装盒，并利用线条进行装饰，形成外包装装潢设计。内包装结构设计为一片式纸包装结构设计，通过在一张瓦楞纸上进行模切、镂空，裁切出适合茶壶、

功道杯及茶杯大小的开口，用以固定茶具，防止其发生晃动、碰撞。

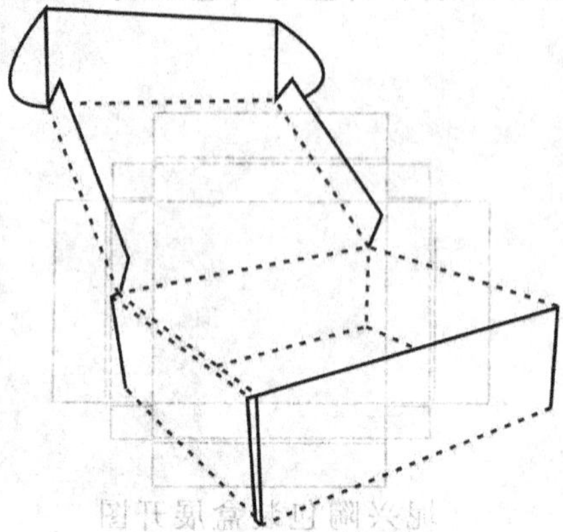

外盒展开立体图

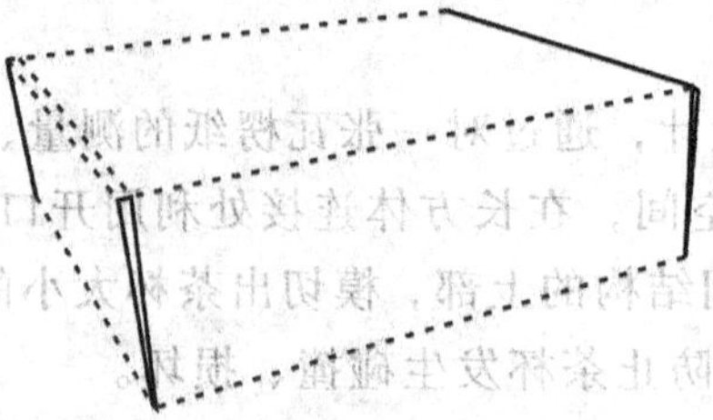

外盒立体图

图 2-6-2

# 第五章　对坭兴陶产品包装视觉传达要素的解读

## 第一节　色彩传达

### 一、色彩运用的原则

色彩的多元性及时空性与人们的生活习惯、地域特征、宗教信仰以及审美的社会认同等条件元素相一致，这些条件元素之间是互动的，包装色彩设计正是在这些互动的条件元素下对色彩的运用，并提供丰富的视觉语言。色彩所形成的视觉印象比形状与文字更容易被人接受，对于产品包装设计所起的作用是举足轻重的。因为某种特定的颜色会引起人们的内在情感反应，所以在设计实践中，色彩的和谐与和谐之外的元素都应是设计者所追求的：和谐的色彩偏古典情趣，内蕴优雅；视觉反差大的色彩倾向于现代感，给人强烈的视觉冲击。这种运用色彩的统一与对比而达到传达信息的方法亦可在包装装潢设计中得以学习和借鉴。

在坭兴陶产品包装装潢设计中，色彩不仅关系到商品的陈列效果，而且还直接影响着消费者的情绪。因为随着任何色相的纯度或明度发生变化或者所处的环境不同，其表情也随之改变，因此在坭兴陶包装装潢设计中对色彩的处理不仅要充分考虑其色彩的情感性、象征性、地域性和易见性，还要考虑该色相的纯度、明度以及与不同的颜色之间的搭配等。笔者认为，坭兴陶产品包装设计的色彩可以选择充满古典含蓄的弱对比色调，凸显坭兴陶深厚的文化积淀，含蓄内敛；亦可选择充满视觉冲击力强的色调，体现坭兴陶不俗的稀缺个性，并充满现代特征。对前者而言，应选择与坭兴陶产品有关的色彩，并用其同类色或类似色进行明度、纯度、面积和位置上的对比，来达到目的诉求。如用坭兴陶近紫而隐现赭黄的颜色作为坭兴陶产品包装盒表面的主色，搭配明度较高的同类色作为辅色；而用明度较高的同类色作为该包装盒内部的主色，搭配近紫而隐现赭黄的坭兴陶产品本身，使之呈现出一种含蓄内敛，充满东方气质的和谐美。对后者而言，应选择与坭兴陶产品反差较大或毫不相关的色彩如白色或浅卡其色作为坭兴陶产品包装的主色，搭配在色相、明度与纯度上与坭兴陶本色具有强烈对比关系的红色或其他具有强对比关系的色彩作为装饰，将坭兴陶产品本身衬托出来，从色相、明度与纯度上形成对比，使之呈现出一种充满个性与时代感的色彩关系，使该品牌在同类产品中标明自己的身份并脱颖而出。采用一反常态的色彩会给消费者留下深刻的印象，使产品品牌形象深入人心。

值得注意的是，在改变符合传统审美的、社会认同色彩的同时，还应紧紧抓住坭兴陶产品原有的本质特征，并结合图形与文字等视觉符号准确反映坭兴陶茶具的信息，这是坭兴陶产品包装设计在平面视觉上取胜的关键所在。

## 第二节　图形应用

图形作为一种交流信息的媒介有很强的功能性，首先它可以传播某种概念、思想或观念，其次它要借助一定的媒介，通过大量复制、广泛传播而达到最终的设计目的。包装设计的图形是产品信息最直观的表达，也是市场销售策略的充分表现，它应当体现商品主题，塑造商品形象。对于包装中的图形创意而言，丰富的内涵和设计意境对于简洁的图形设计来说显得尤为重要和难得。在现代包装设计中，图形不仅要具有相对完整的视觉语意和思想内涵，还要根据形式美的要求，结合构成、图案、绘画、摄影等相关手法，通过电脑图形图像软件（Photoshop、CorlDRAW 等）的处理使其符号化，在诸多的要素中凸显其独特的作用，并能够使读者从中获得美的享受。

图形设计一般分为具象与抽象两种，具象图形通常与自然对象极为相似或基本相似，一般直接采用照片（此方法较为常用）或绘画；抽象图形是对本质因素的抽取和对事物非本质因素的舍弃，可以是任何形式的象征性表达，它与自然对象较少或完全没有相似之处。

作者以为，在坭兴陶产品包装设计当中，要根据坭兴陶产品的特性，结合坭兴陶产品包装改革的设计定位，选择恰当的图形表现手法，采用多元、多向、多角度的思维模式对主要展销面上的图形进行精心的设计，形成新颖独特并具有亲和力的图形形象。如采用具象写实的手法，可将开创钦州坭兴陶产业新纪元的坭兴陶近代鼻祖“胡老六”（作为公认的坭兴陶创始鼻祖，给坭兴陶产品品牌的提升带来的影响是不可小觑的）的肖像或是将直接拍摄的坭兴陶产品本身的照片通过后期处理，使之作为创意图形应用于包装盒上，并结合钦州靠海的这一地域特性，使用浪花的形象，通过变形等设计手法创作出二方连续图案，并装饰在包装盒的边缘，真实地反映出坭兴陶产品的地域特性和自身形态的艺术美；也可利用抽象图形，如

运用点、线、面及圆、多边形，或是将能够体现钦州地域特色的海豚、荔枝、浪花等形象，甚至是坭兴陶产品本身，通过描线保留其外部特征，再将这些元素通过重复、特异、共生、渐变、对比、虚实等构成方式体现坭兴陶产品本质特征并具有宽广、深远、无限的空间意境的抽象图形，并结合该品牌的标识图形，通过包装设计给坭兴陶产品赋予鲜明的艺术性、地域性和时代性。

## 第三节　文字设计

文字是人类交际的工具，也是人类交际的产物，它作为记录语言和传达语意的符号，在产品包装设计中具有内容识别和形态识别的双重功能。一方面，消费者只有通过产品包装上的文字才能清楚地了解产品的许多信息内容，如商品名称、标志名称、容量、批号、使用说明、生产日期等；另一方面，经过设计的文字，可以以图形符号的形式给人留下深刻的印象。经过对文字的精心设计可提高整个产品包装的设计效果。

在产品包装中，文字的阅读是在消费者对该包装感兴趣之后才有可能开始的，是对色彩、图形的阅读完成之后才可能进行的。所以，文字的选择、设计、排版等方面，需要顾及色彩和图形这两个元素所确立的风格特征。虽然文字在视觉顺序上排列靠后，但文字阅读的开始，也就是消费者决定购买与否的开始。此刻，文字内容的易读性、精炼性、准确性和全面性就显得至关重要了，具体表现在：一方面要做到将用于解释产品品牌、使用方式、质量等级等有关产品信息的所有内容正确表达；另一方面要注重文字排列的条理性，将不同的信息有区别地传递出来，让阅读有趣，使重点突出。文字的字体种类较多，不同的字体、字号、字距、行距、对齐形式等都会直接影响版面的易读性和效果表现。

考虑到坭兴陶产品的属性及其诉求的目标市场，在选择其产品包装上的字体时需要注意：符合坭兴陶儒雅、内敛的气质；与前文所讲到的色彩及图形保持一致，使其在视觉上形成统一的风格；所需的字体大小以及翻译成其他语言（坭兴陶产品除在国内销售外，还出口日本、美国、德国、法国、加拿大、意大利、瑞典、印度、马来西亚等 30 多个国家和地区）的情况；印刷用的承载物，例如纸板、木材等；印刷工艺，例如凸版、凹版、平版等；色彩以及行间距等。

笔者认为，若色彩及图形采用传统的，具有东方古典意蕴的风格，所选文字应当选择饱含中国风的书法体或资格最老、古风犹存的宋体，给人古色古香的视觉效果。值得注意的是，书法最讲究变化，电脑一般同一个字的不同字体千篇一律，犯了书法的大忌，同时由于电脑字体书法功底欠佳，边缘过于整齐，显示不出手写的自然柔和，缺乏苍劲的力度，虽然比例很大，但无法充分体现整体的中式风格。所以，在选择书法字体时，应尽量选择书法名家原版墨迹或请书法相关人士为该品牌设计专用的书法字体，这样不但可以使书法文字本身不失手写的自然苍劲，同时也可以体现坭兴陶产品应有的底蕴与特质。如果手上没有合适的可以使用的书法文字，则可以将富有中式感的坭兴陶产品的图片元素作为主要的表现对象，同时将文字的排列方式调整为中式风格的竖排，并和其他的元素合理搭配，从整体烘托出中式氛围。

若色彩及图形采用具有现代感的高纯度撞色及利用象征性抽象图形，文字则应当选择简洁明快的等线体或是选择设计味较浓，具有较强艺术感、专业感、现代感的字体，与色彩、图形的风格相一致。当然，无论采用古典还是现代的风格，电脑字体的选用都是要慎重，不管是上述的宋体还是等线体等，都应该在原来的基础上作出修改与调整，使之符合该品牌自己的风格。

值得注意的是，若要在字体上作色彩的变化，需考虑所选字体笔画的粗细，如宋体由于水平笔画较细，消费者不易觉察出其色彩的变化；而等线体和综艺体由于笔画较粗，比较适合在其文字结构上作色彩变化的处理。

上述所讲只适合于商品名称、商标名称或装饰性的文字等，其他如容量、批号、使用说明、生产日期等说明性文字，由于所占空间较小、信息量大，其字号较小，所以应该选用易读性、识别性强的黑体，以便信息的传达，同时将这些说明性的文字在位置、大小、色彩、形状方面提升舒适度，安排好文字的字距、行距与段距，会对阅读效果有很大的帮助。

## 第四节　版式编排

包装设计中的视觉传达语言主要由视觉符号和编排形式来表达，有意识地将图形、色彩、文字等视觉符号根据其内在关系、形式法则、结构系统等因素进行组织编排，使包装画面整体设计风格连贯一致，具有一定的视觉美感并体现其文化内涵，是版式编排的首要任务。

点、线、面是构成版面空间的基本元素。在进行坭兴陶产品包装的视觉传达设计编排时，我们可以将所选定的所有视觉元素，包括图形、色彩、文字等作为点、线、面来进行组织编排：将面积相对较小的图形作为“点”，放在版面的不同位置能够使版面产生不同的心理效应；将按一定方向连续排列的点作为“线”，主要通过直线和曲线进行表现，其关键取决于采用水平、垂直还是倾斜的排列方式；将面积相对较大，在版面中占有空间较多，视觉上比点、线强烈、实在并具有鲜明个性的图形作为“面”，包容了各种肌理、色彩的变化，它的形状和边缘也对其产生极大的影响，在整个视觉要素中，“面”对视觉的影响往往是举足轻重的。

通过“点”“线”“面”的综合表现，可以丰富版面的层次，完美地呈现版面的视觉效果，赋予版面一定的情感和意义，使版面更加精彩动人。

由于版面的构成样式在实际使用中五花八门、种类繁多，但通过归纳和概括，大致可以分为理性化类型、感性化类型和其他类型三种。在进行坭兴陶产品包装的编排设计时，要根据其产品的属性选择合适的版面编排构成的式样类型。

### 一、理性化类型

理性化类型容易给人整齐、严谨、规整、秩序等印象，其最大的特点是网格和数学原理的运用，集中体现某种理性化、秩序化的感觉。常见的理性化类型的版式设计包括标准型、坐标型、上下型、左右型、中轴型、倾斜型、三角形、骨骼型等，笔者认为，其中适合坭兴陶产品包装的版式类型有上下型、中轴型和骨格型，其中上下型是将整个版面分成上下两部分，将文字和选定图形分别安排进其中的构成类型。文字则偏重理想而静止，而图形部分显得感性而又有活力；中轴型是将文字和图形基本放于中轴线上，是一种理想的、严谨的对称式构成类型，具有良好的平衡感，水平排列的版面给人以稳定、安静、平和与含蓄的感觉；垂直排列的版面给人向上的动感；骨格型，严格按照骨格比例对选定图形和文字进行编排配置，是一种规范的、理性的版式构成类型，给人严谨、和谐、理想之美。骨格经过相互混合后的版式既理性有条理，又活泼而具有弹性。

### 二、感性化类型

感性化类型是相对于理性化类型而言的，版面中的视觉元素的主次顺序、形象之间的平衡关系主要是通过设计者的直觉与版式设计的关系来决定的，强调版式的自由、浪漫、无秩序等。其中最具代表性的是自由型设计，由于是不受网格约束的，是设计者创作时纯感性化表达的样式，更使页面显得灵动而富有感染力。

### 三、其他类型

其他类型是在理性化类型和感性化类型之外的其他版式设计类型，包括全版型、重复型、重叠型、定位型、聚集型、分散型、引导型等，笔者认为，适合坭兴陶产品包装的版式类型有重复型、定位型、聚集型和引导型等，其中重复型是将某个选定图形在版面中重复多次出现，使之具有强调目标、增加注目效果、加深记忆的作用。在实际的设计过程中，重复伴随着渐变或是特异的手法一同使用，可以避免产生乏味之感；定位型先将选定图形或左或右、或上或下、或居中、或倾斜定位后，文字依据图形的位置及轮廓形状进行编排，突破版面自身的常规局限，在常规中寻变化，在变化中求统一；聚集型将选定图形聚集于版面中的某个位置，使之具有团块式的聚集效果，给人一种紧凑、联系的感觉；引导型利用版面上带有指示性的箭头、符号等，将阅读者的目光引导至版面所要传达的主题内容上，积极制造视觉焦点，使之形成有效的指示和引导效果。

在选定合适的版面编排构成的式样类型的前提下，充分把握好图形与图形、图形与文字、文字与文字、色块与色块及各包装面之间的关系，利用人的视觉焦点，按照人的视觉习惯，将坭兴陶产品包装设计各视觉元素的主次以及各包装面视觉焦点的顺序有计划地组织起来，使整个包装设计富有内在的逻辑性，使各个视觉元素之间构成一个和谐统一的整体。

另外，坭兴陶产品包装的视觉传达设计是在坭兴陶企业品牌形象设计的基础上进行的，包装的视觉传达设计的特色取决于企业品牌形象设计的特色，在此基础上，通过材料的选择、印刷工艺的呈现、盒型大小与结构的设计，实现该品牌坭兴陶产品包装的特性与魅力。所以，建立健全良好的品牌形象，是坭兴陶产品走向复兴的必经之路。

# 第六章 案例释义

## 一、“半圆”坭兴陶茶杯系列化包装设计（见图 2-7-1~2-7-4）

品牌名称：“半圆”，意重于“半”。此套包装设计为圆形坭兴陶茶杯包装设计，在整体结构设计中，将坭兴陶茶杯分为上下两部分进行包装，形成半圆之意。在包装装潢方面也从“半”着手，包装设计主题特征明显。

材料：礼盒包装以牛皮卡纸为主，牛皮卡纸稳定性良好，可还原内包装物特点，具有古朴、简约等特点。手提袋的包装设计则选用白色卡纸，白卡纸硬度较强，承重较好，重要的是其具有较强的吸墨性，便于对比度较强的色彩设计的表现，而且白卡也不失简约、大气。

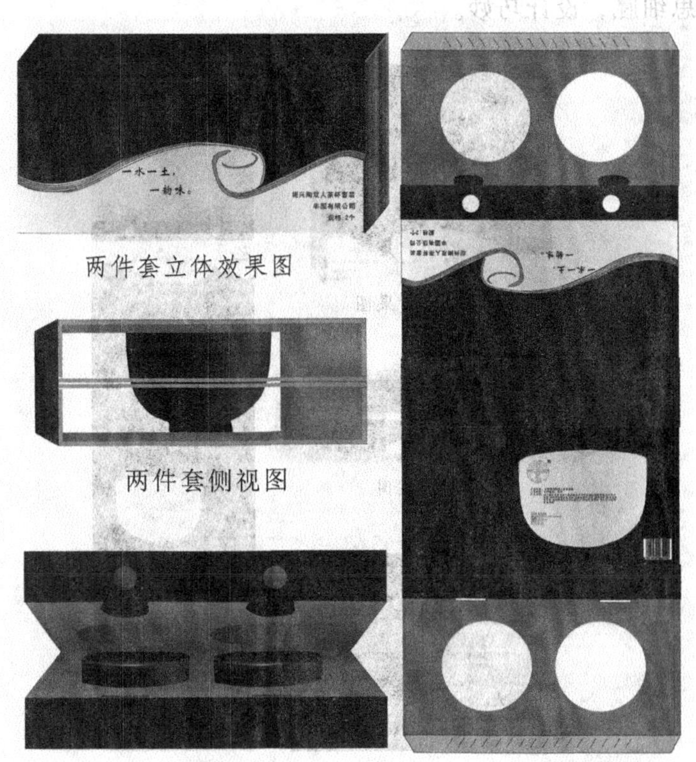

两件套立体效果图

两件套侧视图

两件套展示图

两件套展开图

图 2-7-1

结构：该设计以一片式纸质包装礼盒为主，配以手提袋包装设计，体现坭兴陶茶杯包装的礼品性特征。礼盒包装设计通过在一张牛皮卡纸上进行测量、压痕、折叠、模切的工艺，将其对半分开形成坭兴陶茶杯包装的上下两部分，对半成型折叠出空间结构，在上下两部分模切出适合茶杯大小的镂空形状，便于固定茶杯，以防其晃动、碰撞。在连接处通过插舌固定，将两个半圆形成整体，凸显品牌内涵。

视觉传达：标志设计以圆形元素为主，通过将汉字“半”进行图形化处理，形成圆形的上半部分，用茶杯的半圆形作为圆形的下半部分，形成“半圆”之意。整体标志以线条元素构成，通透简洁。在包装装潢上以坭兴陶图形元素的一半作为主体装潢图案，以标志图形元素为辅助图形，用于整套包装的设计上，形成整体统一的效果，便于主题的表现。色彩上选用坭兴陶本体的颜色与白色形成强烈的色彩对比，有利于被包装坭兴陶产品特征的表现。在产品信息的表达上，利用白底的坭兴陶茶杯图案做出区域划分，心思细腻，设计巧妙。

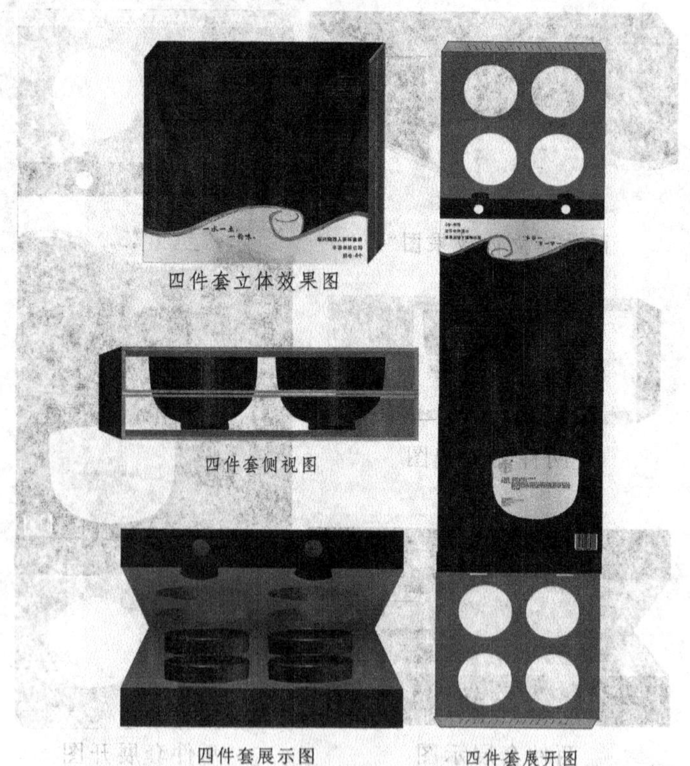


图 2-7-2

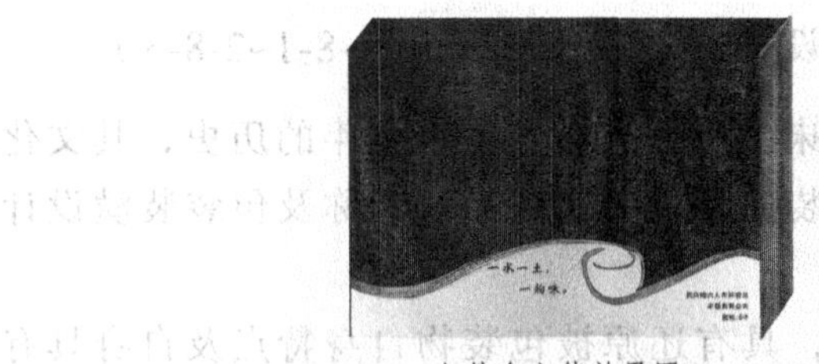

六件套立体效果图

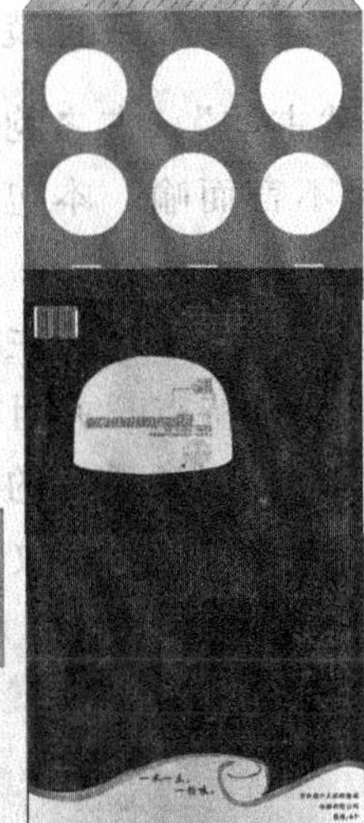

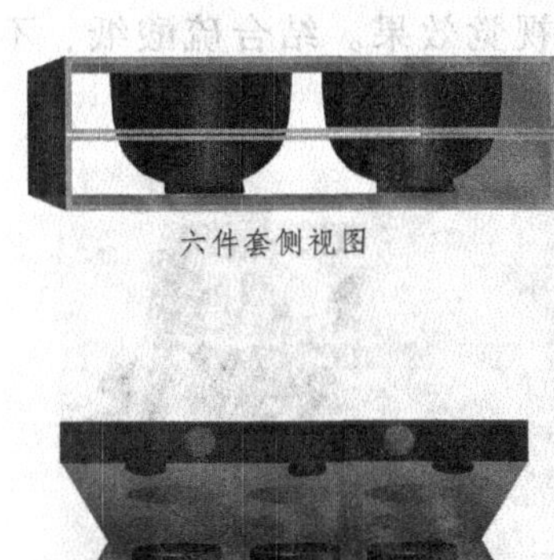

六件套侧视图

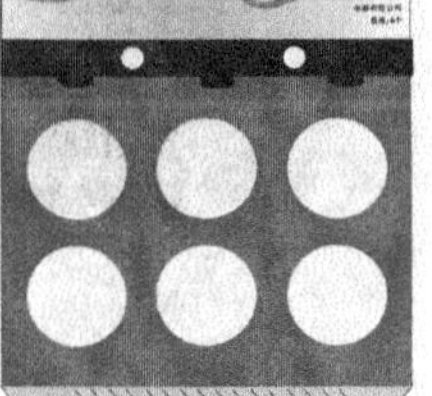

六件套展示图

六件套展开图

图 2-7-3

手提袋立体效果图 手提袋展开图

图 2-7-4

## 二、“古韵”茶具产品包装设计案例释义（见图 2-8-1~2-8-3）

品牌名称：“古韵”，古之韵味。坭兴陶有着三千多年的历史，其文化沉淀、古朴韵味不言而喻。本包装设计试图通过品牌名称及包装装潢设计来表现这一特点。

材料：主要以牛皮卡纸为主，具有还原被包装物自身特点及自身具有古朴、环保、简约等特点。并且结合了红色丝绸作为点缀，为整套几何形机构包装设计增添了一丝柔和的视觉效果。结合硫酸纸、不干胶纸等工艺特点，展现了此包装设计的精致。

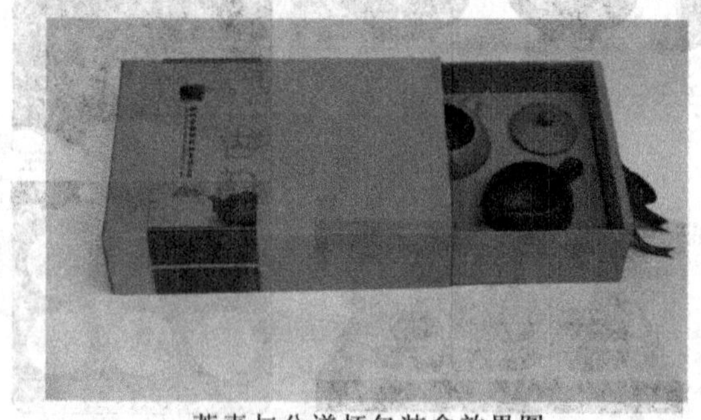

茶壶与公道杯包装盒效果图

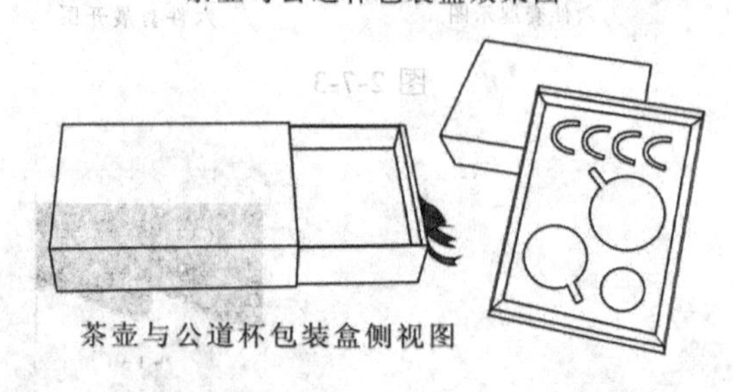

茶壶与公道杯包装盒侧视图

图 2-8-1

结构：以抽拉式及插入式礼盒包装结构为主，结合巧妙的内衬结构设计，形成具备保护功能的茶具包装设计。内衬利用一片式纸包装结构设计，采用模切、压痕等工艺裁切出适合茶具的包装结构，以达到固定茶壶、公道杯及茶杯的作用，防止内包装物出现晃动、碰撞的情况。在礼盒包装上设置腰封，使其具备礼品包装特征。

视觉传达：利用印章及古代图形元素作为标志设计的主体元素，传达出一种古朴的气息，与设计主题相符。在公司品牌的字体设计上也采用了具有浓郁古代风味的毛笔字作为设计观念的表达媒介，设计风格协调统一。而在图形元素上选用实物照片将坭兴陶与中国传统图案祥云相结合，以此来表达坭兴陶文化的源远流长，增添了包装装潢设计的古朴韵味。并使用树枝图形加以点缀，视觉效果统一而丰富。而包装的开口处又选用中国红的丝缎加以点缀，增添了些许柔和。

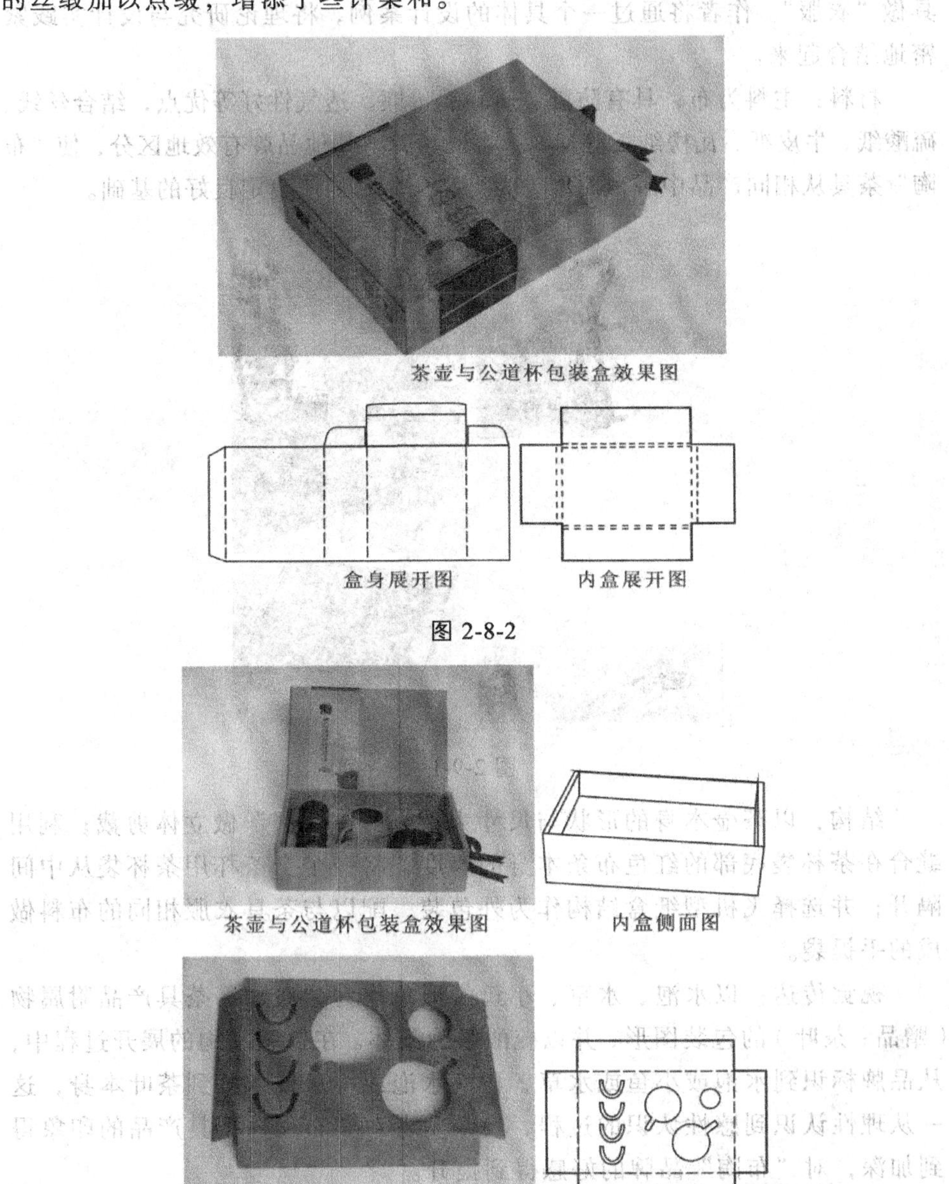


图 2-8-2

图 2-8-3

### 三、“布陶”茶具产品包装设计案例释义（见图 2-9-1 和图 2-9-2）

品牌名称：“布陶”。汉典中“衣”也指器物的外罩，即给“布陶”茶具做“衣服”。作者将通过一个具体的设计案例，将理论研究与设计实践紧密地结合起来。

材料：主料为布，具有防震、质轻、价廉、透气性好等优点，结合丝线、硫酸纸、牛皮纸、瓦楞纸板等辅料，将该品牌与其他品牌有效地区分，使“布陶”茶具从相同产品中脱颖而出，为提高产品附加值奠定良好的基础。

图 2-9-1

结构：以茶壶本身的形状与尺寸为茶壶的“衣服”做立体剪裁；利用缝合在茶杯袋底部的红色布条本身的厚度，将一个个茶杯用茶杯袋从中间隔开；并选择飞机型纸盒结构作为外包装，配以与茶具衣服相同的布料做成的手提袋。

视觉传达：以水泡、水草、小鱼的形象作为“布陶”茶具产品附属物（赠品：茶叶）的包装图形，并以硫酸纸为载体。在包装结构的展开过程中，从品牌标识到水泡或小鱼或水草，再从水泡或小鱼或水草到茶叶本身，这一从理性认识到感性认识的过程，使消费者对“布陶”茶具产品的印象得到加深，对“布陶”品牌的好感得到提升。

以坭兴陶茶具本身，通过线描保留其外部特征，再将这些元素相互穿插形成具有宽广、深远、无限的空间意境的黑色抽象图形，并结合红色的“布陶”标识图形，通过版式编排的设计、材料的选择、印刷工艺的呈现、盒型大小与结构的设计，展现“布陶”牌坭兴陶茶具产品包装的特性与魅力，并赋予坭兴陶茶具鲜明的艺术性和时代性。

图 2-9-2

四、“得闲”茶具产品包装设计案例释义（见图 2-10-1~2-10-3）

品牌名称：“得闲”。“得闲”为坭兴陶产地钦州的本地话，意为有空，抽空的意思，略带闲暇之意。而喝茶本就是一种闲暇雅致的生活方式，以此为品牌名称，传递设计者的情感。

图 2-10-1

图 2-10-2

图 2-10-3

材料：以木质包装盒为主，具有稳定、防震、原始的特点。结合布艺包装，在木质包装盒的内部及外部均用布艺进行包裹，布艺有柔和、传统的特点，可以有效地保护陶瓷制品，并利用牛皮纸、竹制材料等作为辅料，突出设计主题。

结构：包装结构主要以木质包装结构为主，以“两个装的”茶壶包装盒及“四个装的”茶杯包装盒为主。茶杯包装盒为天盖地式包装结构，盒盖以布艺包裹木质材料，外部使用具有底纹的红色布艺，内部使用原色的布艺，设置标签。底部盒身，通过木板的隔挡，形成 5 个单独的空间，并在空间内部用布艺包裹，达到保护茶杯的作用。在盒子内部设置标签，方便识别。茶壶公道杯包装盒采用锁扣式的开启方式，以木板将包装盒隔成两个空间，以布艺包裹内部，保护茶具，盒盖也均以布艺包裹，统一视觉效果。

视觉传达：以陶瓷茶杯为原型，将“得闲”进行文字图形化，与陶瓷杯融为一体，形成标志设计，左边以红色为底，右边则以白色为底，形成正负形效果，形式丰富。广告语“得闲，茶器”也进行过处理，与标志协调统一。在包装装潢的色彩选用上，以标准色红、白为主，形成统一的视觉效果。木质包装盒的外部包装均为具有底纹的红色布艺，视觉效果柔和而不偏离主题。图形元素选用陶瓷杯作为辅助图形，表达设计主题。并在木质包装盒上采用标签的方式，表现品牌名称，大气不失精致。

### 五、“陶陶”花器包装设计案例释义（见图 2-11-1~2-11-5）

品牌名称：“陶陶”，取坭兴陶“陶”字为名，谐音“淘淘”，生动活泼。花器包装设计本就不同于坭兴陶茶具般浓郁的成熟稳重的气息，更多的是一丝生气。本包装设计将从包装装潢和容器造型结构方面，来表达“淘”的意境。

材料：以牛皮卡纸作为整套包装设计材料，牛皮卡纸对坭兴陶本土化、自然、历史性特征的表达大有益处，而且牛皮卡纸也不失现代化，简约的特征，与花器包装的现代化相符。以白色卡纸为腰封材料，便于标志图案及颜色的表达。

图 2-11-1

图 2-11-2

图 2-11-3

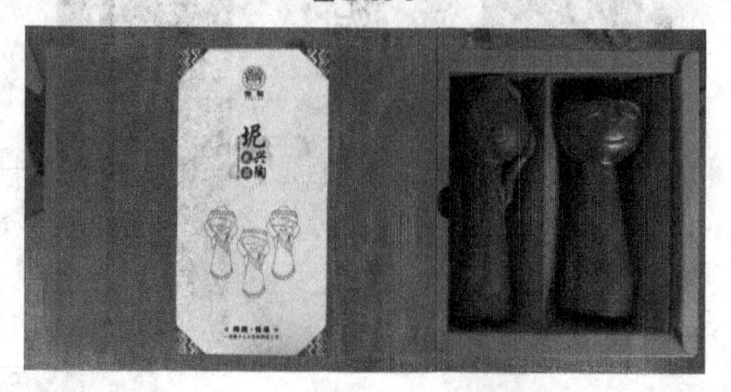

图 2-11-4

图 2-11-5

结构：花器包装容器造型为标志图案造型，以面带笑容，微微起舞的壮家女子的形态变化，造型活泼生动，与设计主题呼应。包装礼盒结构则分别用飞机型盒型和抽拉式盒型，配以手提袋包装，形成礼品性包装设计特征。而礼盒内衬结构设计则通过对牛皮纸进行压痕、裁切处理，形成一个个单独的空间，将容器置于内部固定，防止碰撞。

视觉传达：以具有花器容器造型结构的图案为基础，形成笑脸，并在笑脸上用花朵点缀形成标志图案。品牌名称字体设计与标志浑然天成，活泼不失稳重。在产品名称字体的选用上，使用具有浓郁历史气息的行楷，配合红色图章及中国传统图形元素祥云，表达坭兴陶的历史性特征。在辅助图形的使用上，利用载歌载舞的壮家女形态，体现花器包装应具备的生气特征。在图形选择上还使用了色彩丰富的壮锦图形元素对装潢设计进行点缀，既表达了坭兴陶的本土化特征，又体现花器包装主题。

# 第七章　结　语

随着人类社会和商品经济的进步与发展，市场结构和消费模式也随之变化，对于振兴中的坭兴陶产品，包装设计已是其产业发展过程中不得不面对的问题。如今，产品包装设计的重要性在国际包装市场上越发凸显，而坭兴陶产业振兴与发展需要其产品的包装设计水平不断跟进，若不尽快将坭兴陶产品包装设计水平与国际接轨，势必会使坭兴陶产业发展受阻。

坭兴陶产品包装设计不仅涉及材料选择、空间造型、缓冲结构设计、表面装饰和加工工艺等多方因素，还蕴含消费者对产品的包装诉求、社会的审美取向及包装对于环境与人类或好或坏的影响。这就要求包装设计人员在进行产品包装设计时不应仅停留在物质层面，而要在精神层面更多一些考虑，从关注消费者、关注人类、关注社会、关注环境出发，让设计多些人情味，多些社会责任感，在此基础上将产品特质、区域文化及民族文化特征有机结合，以独特的风格特征赋予坭兴陶产品包装独有的艺术表达形式。值得一提的是，作为地域性较强的坭兴陶，其产品包装设计的革新需要包装设计师、企业和政府的共同配合与努力，政府的重视与引导直接影响企业对包装的重视程度和设计师对产品包装设计创新的热情度，坭兴陶企业对包装设计创新重要性的认识与实践活动是坭兴陶产品包装革新的关键，而包装设计师的积极性与主动参与行为则起重要催化作用。

本书是对坭兴陶产品包装设计的一次积极探索，但广度与深度不足，系统性欠缺，还有待后续研究跟进，对于坭兴陶产品包装的研究，鲜有学者专门关注，作者期望此书能起抛砖引玉的作用，为坭兴陶产品包装的深入研究作好铺垫。

# 参考文献

[1] 陈磊．纸盒包装设计原理[M]．北京：人民美术出版社，2010．
[2] 刘霞．论包装对品牌建立的多重作用[J]．包装工程，2004，25（3）：236-238．
[3] [美]玛丽安·罗斯奈·克里姆切克，桑德拉·A·克拉索维克．包装设计：品牌的塑造[M]．上海：上海人民美术出版社，2008．
[4] 转引自王铭铭．西方人类学思潮十讲[M]．桂林：广西师范大学出版社，2005，117．
[5] 凌继务，徐恒醇．艺术设计学[M]．上海：上海人民出版社，2000，10．
[6] 罗莎琳德皮卡德，刘慕义（译）．情感计算[M]．北京：北京理工大学出版社，2005．
[7] 平有舜．试论坭兴陶的历史沿革和艺术特点[J]．南京艺术学院学报，1985（4）：39．
[8] 唐文．日用陶瓷包装的再设计研究[D]．湖南工业大学
[9] 亚伯拉罕·马斯洛，许金声（译）．动机与人格[M]．北京：中国人民大学出版社，2007．
[10] 张铁．设计中的第四维—人性—新世纪关于设计人性化的思考[J]．艺术百家，2002，4．
[11] 黄缨媛．日用瓷器包装的设计方法研究[D]．湖南工业大学．
[12] 贝尔·克莱夫．（薛华译）艺术[M]．江苏：江苏教育出版社，2005．
[13] 顾兆贵．艺术经济原理[M]．北京：人民出版社，2005，12．
[14] [美]道格拉斯·里卡尔迪．食品包装设计[M]．沈阳：辽宁科学技术出版社，2015．
[15] 谢孟吟．礼品包装设计[M]．沈阳：辽宁科学技术出版社，2013．
[16] [英]爱德华·丹尼森，[美]罗杰·福西特·唐．平面设计工艺创意书：印刷与材料的完美解决方案[M]．北京：中国青年出版社，2012，10．
[17] 席涛．绿色包装设计[M]．北京：中国电力出版社，2011，11．